化学课堂教学与实验实践探究

王翠琼　唐代华　刘　芬　著

H.P.H 哈尔滨出版社
HARBIN PUBLISHING HOUSE

图书在版编目（CIP）数据

化学课堂教学与实验实践探究 / 王翠琼，唐代华，刘芬著 . -- 哈尔滨 : 哈尔滨出版社，2025. 4. -- ISBN 978-7-5484-8515-5

Ⅰ . O6-3

中国国家版本馆 CIP 数据核字第 202593A4X4 号

书　　名：化学课堂教学与实验实践探究
HUAXUE KETANG JIAOXUE YU SHIYAN SHIJIAN TANJIU

作　　者：王翠琼　唐代华　刘　芬　著
责任编辑：赵志强
封面设计：周书意

出版发行：哈尔滨出版社（Harbin Publishing House）
社　　址：哈尔滨市香坊区泰山路82-9 号　　邮编：150090
经　　销：全国新华书店
印　　刷：捷鹰印刷（天津）有限公司
网　　址：www.hrbcbs.com
E-mail：hrbcbs@yeah.net
编辑版权热线：(0451)87900271　87900272

开　　本：787mm × 1092mm　1/16　印张：11.75　字数：196千字
版　　次：2025 年 4 月第 1 版
印　　次：2025 年 4 月第 1 次印刷
书　　号：ISBN 978-7-5484-8515-5
定　　价：58.00 元

PREFACE 前　言

化学作为一门基础自然科学，在推动社会发展、科技进步以及培养学生科学素养等方面发挥着不可替代的作用。从日常生活中的衣食住行，到前沿科技领域的创新突破，化学的身影无处不在。它不仅是知识的载体，更是培养学生逻辑思维、实践能力与创新精神的重要途径。

在教育不断变革的当下，化学教学面临着新的挑战与机遇。传统的教学模式往往侧重于知识的灌输，而对学生的主体地位、实践操作以及创新思维的培养有所欠缺。随着教育理念的更新，以学生为中心、注重实践探究和素养提升的教学思想逐渐成为主流。笔者深刻认识到，化学教学不能仅仅停留在理论知识的传授上，更要引导学生通过实验实践去探索化学世界的奥秘，培养他们解决实际问题的能力。

基于此，笔者精心写作了这本书，旨在为化学教育工作者提供全面且实用的教学指导，深入剖析化学教学的各个关键环节。从基础理论与理念的阐述，到课堂教学策略与互动方法的探讨；从化学实验实践探究的方法流程，到专业研讨式课堂教学的可行性探索；再到教学评价与反馈以及医学院校医用基础化学教学的专门研究，涵盖了化学教学的方方面面。

书中详细介绍了以学生为中心、建构主义、多元智能等先进教学理论在化学教学中的应用，帮助教师更新教学观念，优化教学方法。对于化学实验，从实验方案设计、操作规范到数据处理与结论推导，都进行了细致讲解，突出实验在化学教学中的核心地位。同时，结合丰富的教学案例，阐述如何在教学中培养学生的科学探究与创新意识，提升学生的化学核心素养。

由于水平有限，书中难免存在不足之处，还望广大教育工作者不吝赐教。笔者衷心希望这本书能够成为化学教师教学路上的得力助手，为提高化学教学质量、培养更多优秀人才贡献力量。也期待广大教育工作者能够从书中汲取灵感，在教学实践中不断探索创新，共同推动化学教育事业的发展。

CONTENTS 目　录

第一章　化学教学基础理论与理念

第一节　以学生为中心的化学教学理念

教育的核心始终围绕着学生的成长与发展，随着教育理念的不断革新，以学生为中心的教学理念逐渐成为教育领域的重要指导思想。在化学教学中，这一理念的贯彻落实对于提升教学质量、培养学生的化学学科素养以及促进学生的全面发展具有深远意义。它改变了传统教学中以教师讲授为主的模式，将学生置于教学活动的核心位置，关注学生的个体差异、学习需求和兴趣爱好，旨在激发学生的学习主动性和创造性，让学生在化学学习中获得更多的知识与技能，同时培养其科学思维、探究能力和创新精神。

一、以学生为中心化学教学理念的内涵

（一）尊重学生的主体地位

在传统化学教学模式里，学生往往被视为被动接受知识的容器，教学过程大多是教师单方面的知识灌输。然而，在以学生为中心的化学教学中，这种局面发生了根本性扭转，学生成为积极参与学习过程的主体。

教师应当深刻认识到学生具有主观能动性，而这正是驱动学生自主学习的核心内在动力。教师在教学过程中积极鼓励学生自主思考是培育学生独立学习能力、塑造创新思维的关键路径。以化学实验课来说，它为学生发挥主体作用提供了良好契机，当教师在化学实验课上给出实验课题后，学生便可以着手展开一系列工作。学生在设计实验方案时要将已掌握的化学知识充分运用起来，紧密围绕实验目的，精心规划出合理的实验步骤与流程，在此过程中，学生需深入思考诸多问题，比如不同实验条件会对实验结果产生何种影响、怎样控制变量才能保证实验的准确性等。这些思考充分调动了学生

的逻辑思维能力，对他们的学习与成长意义重大。

当学生自主开展实验操作并进行数据记录与分析时，他们真正走进了化学变化的微观世界，学生凭借敏锐的观察力捕捉实验现象，认真记录每一组数据，随后运用已学的化学知识，对收集到的数据进行系统的分析与处理，进而得出科学合理的结论。这种亲身体验、深度参与的学习模式，彻底改变了传统教学里学生单纯依据教师指令进行机械操作的被动局面。学生真正成为实验的主导者，能够在实验过程中充分发挥自身的想象力和创造力，以独特的视角去探索化学知识的奥秘，从而更为深刻地理解化学学科的本质与内涵。

(二) 关注学生的个体差异

在教育教学领域，每个学生都是独一无二的个体，这一特性在化学学习过程中体现得尤为明显。学生们在学习能力、学习风格、兴趣爱好以及知识储备等诸多方面均存在着较为显著的差异，以学生为中心的化学教学理念，其核心要点便在于高度关注这些个体差异，并切实做到因材施教。

在学生群体中，学习能力较强的学生往往展现出对知识更为强烈的追求与探索欲望，教师针对这类学生应当为其提供具有拓展性的学习任务，以此满足他们的求知需求。组织学生参加化学竞赛便是一个行之有效的途径，化学竞赛所涉及的题目通常具备一定的难度与创新性，要求学生不仅要拥有扎实的化学知识基础，还需具备灵活多变的思维能力。学生参与竞赛的过程中能够接触到更具挑战性的问题，在解决这些难题的过程中，他们的知识面得以拓宽，视野也得到极大的拓展。

与之相对，学习困难的学生同样需要教师给予更多的关心和耐心细致的指导。教师首先要做的便是深入剖析学生学习困难的具体成因，这些原因可能多种多样，或许是基础知识存在严重的薄弱环节，或许是采用的学习方法不够恰当，又或许是在理解某些化学概念时遇到了难以跨越的障碍。针对不同的问题根源，教师必须精准选择更契合这些学生的教学方法与辅导策略，比如在化学概念的讲解过程中若遇到理解能力较弱的学生，教师可以巧妙运用更多生动形象的实例、别出心裁的比喻或者直观易懂的模型，帮助学生理解那些抽象晦涩的化学概念。以讲解原子结构为例，将原子类比为一个缩小版的太阳系，把原子核比作位于中心位置的太阳，而电子则如同围绕太阳运转的行星一般围绕原子核运动，通过这样生动形象的比喻，学生能够更加轻松地理解原子的结构以及电子的运动方式，进而有效克服学习过程中的困难①。

（三）激发学生的学习兴趣

古人云："知之者不如好之者，好之者不如乐之者。"在以学生为中心的化学教学理念体系中，激发学生的学习兴趣是教学活动顺利开展、教学目标有效达成的关键所在，教师可运用多种策略来实现这一重要目标，而创设生动有趣的教学情境便是一种在教学实践中广泛应用且效果显著的方法。

以"燃烧与灭火"知识的教学为例，教师在课堂上演示"烧不坏的手帕"这一奇妙的化学实验时，能够瞬间抓住学生的目光并且成功引发他们内心深处强烈的好奇心与求知欲。当学生目睹手帕在熊熊火焰中燃烧却最终完好无损时，这种违背日常生活认知的现象会在他们心中激起层层涟漪，使他们对背后隐藏的化学原理产生浓厚兴趣，进而主动开启探究之旅。在这一探究过程中，学生不仅能够系统地掌握燃烧的条件、灭火的原理等化学知识，还能在不断探索的过程中培养自身的探究精神，锻炼逻辑思维能力，实现知识与能力的同步提升。

随着信息技术的迅猛发展，教师在教学中拥有了更为丰富的教学资源和多样的教学手段，而充分利用多媒体资源成为激发学生化学学习兴趣的又一个有力途径。其中，播放化学科普视频是一种行之有效的方式，这些科普视频通常借助生动形象的画面、通俗易懂的语言对化学领域的各类知识和现象进行深入浅出的介绍，让学生能够直观领略化学学科的独特魅力。此外，展示化学微观世界的动画对于帮助学生理解抽象的化学概念具有重要意义，比如通过动画演示分子的无规则运动、化学反应过程中化学键的断裂与形成等微观过程，能够将肉眼无法看见的微观世界生动地呈现在学生眼前，将抽象的概念具象化，有效降低学生的学习难度，使学习过程变得更加轻松有趣，从而进一步激发学生对化学学科的学习兴趣。

---

① 黄艳，王磊，田振芬，等．以学生为中心的无机化学混合式教学的探索与实践 [J]. 高等理科教育，2025(1)：31-38.

二、以学生为中心化学教学理念的实施策略

（一）教学设计以学生为出发点

1. 深入了解学生的学情

在开展化学教学活动前，全面且深入地了解学生学情是教学设计的基石。教师可综合运用多种方式达成这一目标。问卷调查是一种高效收集信息的手段，通过精心设计问卷，涵盖化学知识储备、学习习惯、兴趣偏好等多方面内容，能获取学生对化学学科的整体认知状况。比如，在新的化学课程开启前，设置诸如“你对化学实验最感兴趣的部分是什么”“你在化学计算方面是否存在困难”等问题，以此精准把握学生的兴趣点与知识薄弱点。

2. 精准设定明确的学习目标

基于对学情的充分了解以及课程标准的严格要求，设定清晰、具体且可衡量的学习目标至关重要。这些目标应着重体现学生的主体地位，运用明确描述学生行为和能力变化的动词。例如，在“化学平衡”的教学目标设定中，可表述为“学生能够准确阐述化学平衡的概念和特征，能够运用化学平衡常数进行简单的计算，并能够分析外界条件对化学平衡的影响”。这样的目标设定，不仅能让学生明确学习方向，还便于教师在教学过程中进行有效的评估和指导。

3. 合理选择教学内容和教学方法

教师根据学情和学习目标精心挑选教学内容，教学内容既要涵盖化学学科的核心知识，确保学生构建完整的知识体系，又要紧密联系生活实际与社会热点，增强知识的实用性和趣味性。比如在讲解“有机化学”时引入食品添加剂、药物合成等生活实例，让学生深刻体会化学知识在日常生活中的广泛应用。

另外，教学方法的选择同样关键，教师需根据教学内容和学生学习特点灵活运用多种方法。例如，讲授法可用于系统传授基础知识；讨论法能激发学生思维，促进观点碰撞；探究法培养学生自主探索精神；项目式学习法则提升学生综合运用知识的能力。在“化学反应与能量”的教学中，教师可先通过讲授法介绍基本概念，再运用探究法让学生通过实验探究不同化学反应的能量变化，最后组织讨论，引导学生分析能量变化的原因和应用。

(二) 课堂教学中突出学生的主体地位

1. 创设问题情境，引导学生自主思考

在课堂教学中创设富有启发性和挑战性的问题情境是激发学生自主思考的关键，问题情境的来源丰富多样，生活实际是常见的素材。例如在讲解"金属的腐蚀与防护"时以生活中常见的铁生锈现象为切入点，提出"如何防止铁制桥梁生锈"的问题引导学生思考金属腐蚀的原理和防护方法。

化学实验也是创设问题情境的绝佳途径，通过有趣的实验现象引发学生的好奇心和求知欲，如教师在"焰色反应"的教学中演示不同金属盐在火焰中呈现出不同颜色的实验，让学生思考背后的化学原理。此外，化学史同样能为问题情境提供素材，讲述化学科学家的研究历程和重大发现，激发学生的探索精神。

2. 组织小组合作学习，培养学生的合作能力

小组合作学习是培养学生合作、沟通与团队精神的有效教学方式，教师在分组时需综合考虑学生的学习能力、性格特点等因素，确保小组内成员优势互补。比如将思维活跃、表达能力强的学生与沉稳细心、擅长数据处理的学生分在一组，有利于小组学习活动的高效开展。

在小组合作学习过程中明确任务和分工至关重要，例如在"探究影响化学反应速率的因素"实验中，有的小组成员负责准备实验仪器和药品，有的负责控制实验条件，有的负责观察实验现象并记录数据，最后共同分析数据得出结论。教师要在小组合作过程中给予必要的指导和支持，鼓励学生积极参与讨论和交流，培养他们的合作意识和团队协作能力。

(三) 教学评价以促进学生发展为目的

1. 建立多元化的评价体系

以学生为中心的化学教学理念要求构建全面、多元化的评价体系，评价内容不仅关注学生的知识掌握情况，更要涵盖学习过程、学习方法、学习态度、创新能力和实践能力等多个维度。评价方式也应多样化，课堂表现评价可观察学生在课堂上的参与度、思维活跃度；作业评价能了解学生对知识的巩固和应用能力；实验操作评价考查学生的实验技能和科学态度；考试评

价则检验学生对知识的综合掌握程度。

自我评价和互评也是重要的评价方式，学生通过自我评价能反思自己的学习过程，发现优点和不足，从而调整学习策略。互评则能促进学生之间的交流和学习，培养他们的批判性思维和评价能力。例如在完成化学实验报告后学生先进行自我评价，然后小组内成员相互评价，最后教师进行综合评价。

2. 注重过程性评价

过程性评价贯穿于教学全过程能及时反馈学生的学习情况，为教师调整教学策略提供依据，教师可通过课堂观察，从而关注学生的学习状态、参与度和对知识的理解程度；教师通过提问能了解学生对知识点的掌握情况和思维过程；在小组讨论中，教师能观察学生的合作能力和沟通能力。

教师要根据收集到的学习信息及时给予学生反馈和指导，当教师发现学生在某个知识点上理解困难时可通过举例、讲解等方式进行辅导；当学生在小组合作中出现沟通不畅的问题时，教师要引导学生学会倾听和表达，从而提高合作效率。

3. 评价结果的反馈与应用

教师要及时将评价结果反馈给学生，以清晰、具体的方式让学生了解自己的学习情况和进步之处，同时教师要客观指出学生存在的问题和不足并提出针对性的改进建议，比如在作业评价中除了给出成绩，还应详细批注学生的错误原因和改进方向。

评价结果不仅用于对学生学习的总结和评定，更要服务于教学改进，教师要深入分析评价结果，找出教学中存在的问题并据此调整教学内容和教学方法，不断提高教学质量，以便更好地促进学生的发展。

第二节　化学教学中的建构主义理论应用

建构主义理论作为一种具有深远影响力的认知理论，为化学教学提供了全新的视角与方法。它打破了传统教学中知识单向传递的模式，强调学生在学习过程中的主动构建作用，对于激发学生的学习兴趣、培养创新思维以及提升解决实际问题的能力具有重要意义。深入探究建构主义理论在化学教学中的应用，不仅有助于推动化学教学改革的深入发展，还能为培养适应时代需求的高素质化学专业人才奠定坚实的基础。

一、建构主义理论的内涵与核心观点

(一) 建构主义理论的起源与发展

建构主义理论的思想渊源可追溯至皮亚杰的认知发展理论。皮亚杰通过对儿童认知发展的研究，提出了个体的认知发展是在与环境的相互作用中，通过同化和顺应不断构建新的认知结构的过程。随后，维果茨基的社会文化理论进一步丰富了建构主义的内涵，强调社会文化环境对个体认知发展的重要影响。在当代，建构主义理论在教育领域得到了广泛的关注和应用，并逐渐形成了多种不同的流派和观点，如激进建构主义、社会建构主义、信息加工建构主义等，为教育教学改革提供了强大的理论支持。

(二) 建构主义理论的核心观点

1. 知识的动态建构性

建构主义认为，知识不是客观存在的，也不是等待学生去被动接受的东西，而是学生在一定的情境下，借助他人（包括教师和学习伙伴）的帮助，利用必要的学习资料，通过意义建构的方式而获得的。学生在学习过程中，会基于已有的知识经验和认知结构，对新知识进行理解、加工和整合，从而构建出属于自己的知识体系。例如，在学习有机化学的反应机理时，学生并非直接记住书本上的反应步骤，而是结合自己已掌握的化学键、电子云等知识，通过分析、推理和想象，去理解反应中化学键的断裂与形成过程，进而构建起对反应机理的独特理解。

2. 学习的情境性

学习是在一定的情境中发生的，情境对于知识的理解和建构起着至关重要的作用。真实、具体的情境能够为学生提供丰富的感性材料，帮助学生更好地理解抽象的知识。例如，在讲解化学平衡时，教师可以引入工业合成氨的实际生产情境，让学生了解在不同的温度、压强和催化剂条件下，如何通过调整反应条件来提高氨的产量，从而使学生更深刻地理解化学平衡的原理和应用。

3. 学习的主动性与社会性

学生是学习的主体，具有主动探索和构建知识的能力，学生在学习过程中不再是被动地接受教师的讲授，而是积极主动地参与到学习活动中，通过自主探究、合作交流等方式获取知识。同时建构主义强调学习的社会性，认为学习是一种社会互动的过程，师生之间、同学之间的交流与合作能够促进知识的共享和建构。例如学生在化学实验教学中通过小组合作的方式共同完成实验任务，在实验过程中相互交流、讨论实验现象和结果，共同解决遇到的问题，从而实现知识的共同建构。

二、建构主义理论在化学教学目标设定中的应用

（一）明确多元化教学目标

1. 知识目标

扎实的化学基础知识是学生进一步学习和发展的基石。在化学基本概念方面，像物质的量、化学键、氧化还原等概念，学生不仅要牢记其定义，更要深入理解其内涵。例如在讲解“物质的量”时，不能仅仅让学生记住公式和单位，而是通过具体的实例，如一定质量的物质中所含微粒数目的计算，让学生明白物质的量是连接微观粒子和宏观物质的桥梁。

对于化学原理，以化学平衡原理为例，学生要理解其动态平衡的本质，知晓外界条件如温度、压强、浓度对平衡移动的影响，还要能运用勒夏特列原理去解释和预测实际化学过程中的平衡变化。在物质结构和性质方面，在无机化学教学中，学生记住各种元素及其化合物的性质只是第一步，更关键的是引导他们运用原子结构、化学键等化学原理去剖析这些性质的根源。比如，金属钠具有强还原性，这是由于其原子的最外层只有一个电子，在化学反应中极易失去电子。同时，还要让学生了解这些元素及其化合物在实际生产和生活中的广泛应用，像氯碱工业中利用氯化钠电解制取氢氧化钠、氯气和氢气，让学生明白化学知识与实际生产的紧密联系。

2. 能力目标

培养学生的自主学习能力是建构主义理论的重要体现，通过创设多样化的教学情境让学生自主查阅资料、分析问题并尝试解决，学生在这个过程中能够学会主动获取知识，掌握学习方法，逐渐摆脱对教师的依赖。

创新思维能力的培养同样不可或缺，在有机化学实验教学中设置开放性实验项目，如让学生设计合成一种新型有机化合物。学生需要自主设计实验方案、思考反应路线、选择合适的实验仪器和试剂，在实验操作过程中还可能遇到各种意外情况，这就需要他们运用创新思维去分析和解决问题。通过这样的训练，学生的创新思维能力得到有效锻炼。

实践操作能力是化学学科的核心能力之一，在实验教学中严格要求学生掌握规范的实验操作技能，如仪器的正确使用、药品的准确取用等。同时，鼓励学生积极参与实验改进和创新，培养他们的实践动手能力和解决实际问题的能力。

问题解决能力的培养贯穿于整个化学教学过程，教师可以引入如环境污染治理、食品质量检测等实际生活中的化学问题，让学生运用所学化学知识进行分析和解决，提高他们运用知识解决实际问题的能力[①]。

（二）结合学生实际与专业需求

不同专业的学生对化学知识的需求和应用方向存在显著差异，因此在设定教学目标时必须充分考虑学生的专业特点和实际需求。

1. 化学专业学生

对于化学专业的学生，教学目标应着重培养其专业素养和科研能力。在物理化学教学中不仅要让学生掌握如热力学、动力学、电化学等物理化学的基本理论，更要注重培养他们运用这些原理解决实际化学问题的能力。例如，在研究化学反应速率时，引导学生运用动力学原理设计实验，探究不同因素对反应速率的影响，并通过数据分析建立反应速率方程。

同时也要培养学生开展科学研究的基本方法和技能，包括文献查阅、实验设计、数据处理、论文撰写等。在课程教学中可以安排学生参与科研项

① 郭巧能，朱西周，杨光，等 . 基于建构主义理论的化学拔尖创新人才班基础课程教学定量评价体系研究 [J]. 化学教育（中英文），2025（2）：25–32.

目或科研小课题，让他们在实践中积累科研经验，为今后独立开展化学研究工作奠定基础。

2. 非化学专业学生

对于非化学专业的学生，教学目标侧重于培养其化学素养和应用化学知识解决本专业相关问题的能力。以材料科学与工程专业为例，在化学教学中要重点介绍与材料性能、制备和应用相关的化学知识。另外在讲解材料的结构与性能之间的关系时，通过介绍不同化学键类型对材料力学性能、电学性能的影响，让学生明白如何通过化学手段来调控材料的性能。

在材料的合成和改性方法方面，介绍常见的材料合成方法，如溶胶—凝胶法、化学气相沉积法等，以及通过化学改性来提高材料性能的原理和方法，使学生能够运用化学知识为材料科学的研究和应用提供支持。

三、建构主义理论在化学教学内容组织与呈现中的应用

建构主义理论为化学教学内容的组织与呈现提供了创新的思路和方法。在这一理论的指导下，教学内容的设计与展现更加注重学生的主体地位和知识建构过程，力求使化学教学更加生动、高效，契合学生的学习需求与认知规律。

（一）整合优化教学内容

1. 以主题或问题为线索进行知识整合

传统的化学教材往往按照知识的逻辑顺序进行线性编排，然而这种方式可能导致学生对知识的理解较为碎片化，难以把握知识之间的内在联系。依据建构主义理论，教师应打破这种常规模式，以主题或问题为线索，对教学内容进行有机整合。

以“化学反应原理”教学为例，将化学平衡、酸碱平衡、沉淀溶解平衡和氧化还原平衡等看似独立的内容，统一在“平衡”这一主题之下。在教学过程中引导学生从不同角度剖析平衡的本质，如化学平衡强调正逆反应速率相等时体系达到的状态；酸碱平衡则围绕溶液中氢离子和氢氧根离子浓度的动态变化；沉淀溶解平衡关注难溶电解质在溶液中的溶解和结晶过程；氧化还原平衡侧重于电子的转移与得失。通过这样的整合，学生能够清晰地认识

到各种平衡的共性与特性，从而构建起完整的平衡知识体系。这种整合方式不仅有助于学生理解知识，还能培养他们的归纳总结能力和系统性思维。

2. 除旧布新，与时俱进

随着化学学科的飞速发展，知识不断更新迭代，这对教学和学习提出来新的挑战和要求。为了让学生接触到最前沿、最实用的化学知识，教师需要对教学内容进行筛选和更新。一方面，删除那些陈旧、过时或者在实际应用中已经很少涉及的内容，避免学生在这些内容上浪费过多时间和精力。另一方面，积极引入前沿性、实用性的知识。

在有机化学教学中，绿色有机合成、药物化学等领域近年来取得了众多突破性成果，绿色有机合成强调在有机合成过程中减少对环境的影响，采用更加环保的原料、溶剂和催化剂，教师可以将这些绿色合成方法引入教学，让学生了解化学学科在可持续发展中的重要作用。在药物化学方面，介绍新型药物的研发过程、作用机制以及临床应用，如近年来备受关注的靶向抗癌药物。这些前沿知识的引入不仅能使教学内容与时俱进，还能极大地激发学生的学习兴趣和创新意识，让他们感受到化学学科的活力与魅力。

(二) 联系实际生活与科研前沿

1. 引入生活中的化学现象

建构主义理论强调学习的情境性，将化学教学与实际生活紧密相连，能够为学生提供真实、具体的学习情境，使抽象的化学知识变得生动可感。生活中处处充满着化学现象，教师可以巧妙地将这些现象引入教学中。

在食品保鲜方面，讲解食品中的防腐剂、抗氧化剂等添加剂的化学原理。例如，苯甲酸及其钠盐作为常见的防腐剂，是如何通过抑制微生物的生长来延长食品保质期的；而抗坏血酸（维生素 C）作为抗氧化剂，又是怎样防止食品中的油脂氧化酸败的。通过这些实例，学生不仅能理解化学知识在日常生活中的应用，还能增强食品安全意识。

在环境污染治理领域，以大气污染中的酸雨问题为例，引导学生运用化学知识分析酸雨的形成原因（主要是二氧化硫、氮氧化物等酸性气体与水反应），以及治理酸雨的方法（如采用石灰石—石膏法脱硫、选择性催化还原法脱硝等化学工艺）。这不仅能让学生认识到化学在环境保护中的重要作用，还能激发他们对解决环境问题的责任感。

在能源开发方面，介绍化学电池在新能源汽车中的应用。结合常见的锂离子电池，详细讲解其工作原理，即锂离子在正负极之间的嵌入和脱嵌过程来展现电能与化学能的相互转化。同时，探讨电池的性能特点，如能量密度、充放电效率、循环寿命等，以及未来的发展趋势，如固态电池的研发进展。在完成上述教学后，学生能够深刻认识到化学在能源领域的关键地位，以及化学学科对推动社会发展的重要意义。

2. 融入化学科研前沿动态

关注化学科研前沿动态，将最新的科研成果和研究方法引入教学，是拓宽学生视野、激发学生科研兴趣的重要途径。

在讲解纳米材料时，详细介绍纳米材料的制备方法，如物理气相沉积法、化学沉淀法、溶胶—凝胶法等，这些方法各有优缺点，通过对比分析，让学生了解不同制备方法对纳米材料结构和性能的影响。同时阐述纳米材料的独特性能，如小尺寸效应、表面效应和量子尺寸效应，以及这些特性如何使纳米材料在催化、生物医药、电子器件等领域展现出优异的应用前景。例如，纳米催化剂由于其高比表面积和特殊的表面活性，能够显著提高化学反应速率和选择性；纳米粒子在药物输送系统中的应用可以实现药物的靶向输送，提高治疗效果并减少副作用。

（三）多样化的呈现方式

1. 多媒体教学

多媒体教学以其丰富的表现形式能够将抽象的化学知识直观化、形象化，有效帮助学生理解和记忆，在讲解分子结构时通过三维动画可以清晰地展示分子的空间构型，如甲烷的正四面体结构、苯的平面六边形结构等。学生可以从不同角度观察分子的形状，了解原子之间的相对位置和化学键的分布，从而更好地理解分子的性质和化学反应的本质。

在展示化学反应过程时，多媒体动画能够生动地呈现化学键的断裂和形成过程，例如在讲解酯化反应时通过动画演示醇和羧酸分子中化学键的变化以及水分子的生成过程，让学生直观地看到反应的微观机制，避免了单纯依靠文字和图片讲解的抽象性和局限性。

2. 虚拟仿真实验

虚拟仿真实验为学生提供了一个安全、便捷的实验环境，能够突破传统实验条件的限制，学生在有机合成实验中利用虚拟仿真实验平台可以模拟各种复杂的有机化合物合成过程。比如合成阿司匹林的实验，学生可以在虚拟环境中进行原料的称量、混合、加热反应、分离提纯等一系列操作，实时观察溶液颜色的变化、晶体的析出等实验现象。

虚拟仿真实验不仅能够让学生熟悉实验操作流程，还能培养他们的实验设计能力。学生可以在虚拟平台上尝试如改变反应温度、反应物比例等不同的实验条件，观察对实验结果的影响，从而优化实验方案。此外，虚拟仿真实验还可以避免因操作不当导致的实验事故和药品浪费，提高实验教学的效率和安全性。

四、建构主义理论在化学教学方法选择与运用中的应用

(一) 项目式学习法

项目式学习法是一种以学生为中心的教学方法，它将教学内容分解为若干个项目，学生以小组合作的方式完成项目任务，学生在项目实施过程中需要综合运用所学的化学知识和技能解决实际问题，培养学生的团队合作能力、创新能力和实践能力。例如教师可以布置一个“设计并合成一种新型药物分子”的项目，让学生通过查阅文献、实验设计、合成与表征等环节完成项目任务。

教师在项目式学习法中要扮演好指导者和促进者的角色，为学生提供必要的指导和支持，同时还要注重项目的评价和反馈，及时对学生的项目成果进行评价和总结，帮助学生发现问题，从而提高项目实施的质量。

(二) 探究式教学法

探究式教学法强调学生的自主探究和发现，是建构主义理论的重要体现。教师在教学中创设探究情境，提出探究问题，引导学生通过观察、实验、分析、推理等方式，自主探究化学知识的本质和规律，比如教师在化学实验活动环节中可以让学生探究“不同金属离子对化学反应速率的影响”，

学生通过自主设计实验方案、进行实验操作、收集数据和分析结果，得出结论。

教师在探究式教学法中要给予学生充分的自主探究空间，鼓励学生大胆质疑、勇于创新，同时要引导学生学会合作探究，培养学生的团队合作精神和沟通能力。

五、建构主义理论在化学教学评价中的应用

(一) 过程性评价与终结性评价相结合

建构主义理论注重学生的学习过程和知识建构过程，在开展化学教学评价时，应将过程性评价与终结性评价相结合。过程性评价关注学生的学习过程，包括课堂表现、作业完成情况、实验操作技能、小组合作能力等方面。通过过程性评价，教师可以及时了解学生的学习进展和存在的问题，为教学调整和指导提供依据。例如，教师可以通过课堂观察，记录学生的参与度、发言情况、小组合作表现等；通过作业批改，了解学生对知识的掌握程度和应用能力。

终结性评价主要关注学生的考试成绩、课程论文、项目成果等学习成果。终结性评价能够对学生在一段时间内的学习情况进行总结和评价，为学生的学业成绩评定提供依据。在终结性评价中要注重评价内容的全面性和评价方式的多样性，不仅要考查学生对知识的记忆和理解，还要考查学生的应用能力、创新能力和综合素质。

(二) 评价内容的全面性

建构主义理论认为，学生的学习是一个全面发展的过程，在构建化学教学评价模式时，评价内容应涵盖学生的知识与技能、过程与方法、情感态度与价值观等多个方面。在知识与技能方面，要考查学生对化学基础知识和基本技能的掌握程度，以及运用知识解决实际问题的能力。在过程与方法方面，要考查学生的学习过程和学习方法，如自主学习能力、合作学习能力、探究能力等。在情感态度与价值观方面，要考查学生对化学学科的兴趣和热爱程度，以及学生的科学精神、创新意识和社会责任感等。

第三节　多元智能理论在化学教学中的实践

在高等教育领域，如何提升化学教学质量，满足学生多样化的学习需求，培养具有综合素养和创新能力的人才，一直是教育工作者不断探索的重要课题。多元智能理论的提出，为化学教学改革提供了新的视角和思路。该理论打破了传统单一智能观的束缚，强调人类智能的多元性，认为个体具有多种相对独立的智能类型，如语言智能、逻辑—数学智能、空间智能、身体—运动智能、音乐智能、人际智能、内省智能以及自然观察智能等。在化学教学中应用多元智能理论，能够充分尊重学生的个体差异，激发学生的学习兴趣和潜能，促进学生的全面发展，对于提高化学教学效果具有重要意义。

一、多元智能理论概述

（一）多元智能理论的起源与发展

多元智能理论由美国著名心理学家霍华德·加德纳于20世纪80年代开创性地提出。加德纳的研究之路充满了对人类认知本质的深入探索。他最初通过对脑损伤病人的细致研究，发现脑的不同区域受损会导致个体在某些特定能力上出现明显障碍，而其他能力却相对完好。例如，有些病人虽然语言表达能力受损，但在空间感知或音乐欣赏方面依然表现出色，这一现象暗示了人类智能的多元性和相对独立性。

加德纳也对特殊儿童的研究理论提供了重要依据。他观察到，一些在传统教育评价体系中被认为是“学习困难”的儿童，却在某些特定领域展现出非凡的才能，如绘画、手工制作或音乐创作等。这些特殊儿童的存在表明，传统以语言和逻辑—数学能力为核心的智能观存在局限性，无法全面反映个体的真实能力。此外，加德纳还对人类认知发展进行了长期而系统的观察。他发现，人类在不同的发展阶段会表现出不同的智能优势，而且这些智能在个体的成长过程中相互影响、共同发展。

基于以上多方面的研究，加德纳在1983年出版的《智能的结构》一书中正式提出了多元智能理论。这一理论的诞生，犹如一颗重磅炸弹，在教育领域引起了广泛的关注和激烈的讨论。它打破了传统教育观念中单一智能观的束缚，对传统的教学方法和评价体系产生了巨大的冲击。

随着时间的推移，多元智能理论不断发展和完善。加德纳在后续的研究中，进一步拓展了该理论的内涵，对各种智能的特点和发展规律进行了更深入的阐述。同时，越来越多的教育工作者开始将多元智能理论应用于教育实践，从幼儿园到高等教育的各个阶段，从语文、数学等基础学科到艺术、体育等多个学科领域，都能看到多元智能理论的身影。

（二）多元智能理论的核心内容

1. 智能的多元性

多元智能理论认为，人类至少存在八种智能，每种智能都具有独特的认知结构和运作方式，它们在个体的认知和发展中发挥着不同的作用。语言智能是指运用语言进行表达、交流和思考的能力，包括口头语言和书面语言；逻辑—数学智能涉及数学运算、逻辑推理和问题解决能力；空间智能主要与对空间关系的感知、想象和操作能力有关，如识别物体的形状、方向和空间位置等；身体—运动智能体现为个体运用身体来表达思想和情感，以及熟练地进行各种身体运动的能力；音乐智能涵盖对音乐的感知、欣赏、创作和表演能力；人际智能是指理解他人的情感、动机和行为，并与他人进行有效沟通和合作的能力；内省智能是个体对自己的内心世界的认知和理解能力，包括自我意识、自我反思和自我调控；自然观察智能则是指对自然界中的事物进行观察、分类和理解的能力。

2. 智能的独立性与关联性

虽然各种智能相对独立，但在实际生活和学习中，它们并非孤立存在，而是相互关联、相互作用的。以化学实验为例，学生需要运用逻辑—数学智能来设计严谨的实验方案、精确地分析实验数据；运用身体—运动智能进行准确的实验操作；运用空间智能来合理摆放实验仪器和理解实验步骤的空间顺序；同时，还需要运用人际智能与小组成员进行高效的合作交流，共同解决实验中遇到的问题。

3. 智能的发展性

多元智能理论强调，每个人都具有多种智能的潜力，这些智能可以通过后天的教育和环境的影响得到发展和提高。不同个体在不同智能领域的发展速度和水平可能存在差异，而且个体的智能发展具有阶段性和可塑性。例如，一个孩子在幼儿时期可能对音乐表现出浓厚的兴趣和天赋，但如果没有得到相应的培养和训练，这种智能可能无法得到充分发展。因此，教育应该根据学生的智能特点和发展需求，提供多样化的学习机会和教学方法，促进学生智能的全面发展。

二、多元智能理论在化学教学目标设定中的实践

（一）基于多元智能的多元化教学目标构建

传统的化学教学目标往往侧重于知识的传授和技能的培养，忽视了学生智能的多元发展，化学教学目标基于多元智能理论应更加多元化，不仅要关注学生化学知识和技能的掌握，还要注重培养学生的各种智能。

在知识与技能目标方面，应确保学生掌握扎实的化学基础知识以及熟练的实验操作技能。例如在无机化学教学实践环节中，学生要掌握元素周期律、化学键等基本概念以及常见无机物的性质和制备方法；在开展实验课程期间，学生要学会正确使用各种化学实验仪器，掌握物质的分离、提纯、分析等基本实验操作。

在智能发展目标方面，针对不同的智能类型制定相应的培养目标。对于语言智能，培养学生准确表达化学概念、原理和实验现象的能力，能够撰写规范的化学实验报告和学术论文；对于逻辑—数学智能，训练学生运用化学原理进行逻辑推理、解决化学问题的能力，以及运用数学方法处理化学数据的能力；对于空间智能，通过化学分子结构模型的搭建、晶体结构的学习等，培养学生对化学物质空间结构的理解和想象能力；对于身体—运动智能，在实验操作训练环节，提高学生实验操作的准确性、协调性和灵活性；对于音乐智能，可以通过引入化学相关的歌曲、节奏等方式，帮助学生记忆化学知识，培养学生对化学学习的节奏感和韵律感；对于人际智能，通过小组合作学习、学术讨论等活动，培养学生的团队合作能力、沟通能力和领导能力；

对于内省智能，引导学生反思自己的学习过程和学习方法，培养学生的自我管理和自我调整能力；对于自然观察智能，通过引导学生观察化学实验现象、自然界中的化学物质和化学反应等，培养学生的观察能力和分析能力①。

(二) 结合学生兴趣爱好与学历层次细化教学目标

1. 依据学生兴趣爱好分类

学生的兴趣爱好是激发学习动力的关键因素，在化学教学目标设定中可加以利用。对于对化工工艺感兴趣的学生，教学目标应着重培养其工艺设计与优化能力。在化工原理课程教学时，引导学生参与实际化工工艺流程的模拟与分析，例如设计一套高效的精馏塔工艺流程，通过对物料衡算、热量衡算等知识的运用，确定塔板数、进料位置等关键参数，以实现产品的高纯度分离，满足工业生产需求，让学生在实践中提升对化工工艺的理解与操作能力。然而对于钟情于化学科普的学生，教学目标则倾向于培养其化学知识传播与科普创作能力。鼓励他们参与化学科普活动策划，如举办趣味化学实验展示，将复杂的化学知识以生动有趣的方式呈现给大众，同时锻炼他们撰写科普文章的能力，把化学知识转化为通俗易懂的文字，从而提升其沟通表达与知识转化能力。

2. 契合不同学历层次需求

本科低年级学生处于化学知识的积累与基础构建阶段，教学目标应夯实其化学基础知识与基本实验技能。在普通化学课程中，强化对原子结构、化学反应基本原理等基础知识的理解，通过基础实验如酸碱中和滴定，让学生熟练掌握实验仪器操作、数据记录与处理方法，培养严谨的科学态度，为后续课程学习筑牢根基。本科高年级学生已具备一定知识储备，教学目标可转向培养其综合应用与初步研究能力。在专业选修课教学中，设置项目式学习任务，如在功能材料化学课程里，让学生基于特定功能需求，设计并制备一种新型材料，从材料合成方法选择、性能测试到结果分析，全面锻炼其知识综合运用与问题解决能力。对于研究生层次的学生，教学目标聚焦于前沿研究与创新能力培养。引导他们参与导师的科研课题，如在催化化学领域，

① 马善恒，胡天娇，夏建华．化学反思性教学：内涵、类型及实施策略 [J]. 化学教学，2025(2)：3-8.

探索新型催化剂的设计与开发，深入研究催化机理，鼓励其在国际学术前沿领域发表研究成果，为化学学科发展贡献创新性研究。

三、多元智能理论在化学教学内容选择与组织中的实践

传统的化学教学内容组织往往按照知识的逻辑顺序进行，忽视了学生智能的多元性。以多元智能理论为导向，应优化教学内容的组织方式，使其更符合学生的智能发展规律。

可以采用主题式教学的方式，围绕一个化学主题，整合不同类型的知识和教学活动，以促进学生多种智能的协同发展。例如，以“绿色化学”为主题，组织教学内容。在这个主题下，学生需要运用语言智能，查阅相关文献资料，了解绿色化学的概念、原理和发展现状，并进行小组讨论和汇报；运用逻辑—数学智能，分析绿色化学工艺中的化学反应原理和经济效益；通过空间智能，理解绿色化学产品的分子结构和性能关系；在实验操作环节，运用身体—运动智能，进行绿色化学实验操作；通过小组合作完成项目，培养人际智能；项目开展期间，引导学生反思自己的学习过程和团队合作情况，发展内省智能；同时，观察绿色化学在实际生产和生活中的应用，培养自然观察智能。

四、多元智能理论在化学教学方法选择与运用中的实践

（一）针对不同智能类型的教学方法设计

1. 语言智能

语言智能采用讲授法、讨论法、阅读法和写作法等教学方法。在讲授化学知识时，注重语言表达的准确性和生动性，运用比喻、类比等修辞手法帮助学生理解抽象的化学概念。组织课堂讨论，让学生围绕化学问题展开讨论，发表自己的观点和见解，锻炼语言表达和沟通能力。安排学生阅读化学文献、教材和科普书籍，提高阅读理解能力，并要求学生撰写读书笔记、实验报告和学术论文，培养写作能力。

2. 逻辑—数学智能

逻辑—数学智能运用问题解决法、探究式教学法和数学模型法等。提

出具有启发性和挑战性的化学问题，引导学生运用化学原理和逻辑推理进行分析和解决。开展探究式教学，让学生通过实验探究、数据分析等方式，自主发现化学规律，培养逻辑思维和创新能力。在教学中引入数学模型，如化学平衡常数表达式、化学反应速率方程等，帮助学生运用数学方法处理化学问题，提高逻辑—数学智能。

3. 空间智能

空间智能利用模型演示法、多媒体教学法和虚拟实验室等。通过展示化学分子模型、晶体模型等实物模型，让学生直观地感受化学物质的空间结构。运用多媒体教学，展示分子结构的三维动画、化学反应过程的模拟动画等，帮助学生建立空间想象能力。利用虚拟实验室软件，让学生在虚拟环境中进行分子结构的搭建和化学反应的模拟，进一步提高空间智能。

4. 身体—运动智能

身体—运动智能以实验教学法和实践活动法为主。通过组织实验教学活动，注重培养学生规范的实验操作技能，让学生通过亲自动手操作实验仪器，进行实验步骤的实施和实验现象的观察，锻炼身体的协调性和灵活性。组织实践活动，如化学实验技能竞赛、化学工艺设计等，让学生在实践中运用所学知识和技能，提高身体—运动智能。

5. 内省智能

内省智能采用反思性教学法和自我评价法。随着教学工作的开展，引导学生对自己的学习过程和学习成果进行反思，如定期让学生撰写学习总结，分析自己在学习中的优点和不足，以及采取的学习策略是否有效等。开展自我评价活动，让学生根据教学目标和评价标准，对自己的学习表现进行评价，从而调整学习策略，提高学习效果。

6. 自然观察智能

自然观察智能运用观察法、实验探究法和实地考察法等。当进行课堂教学时，引导学生仔细观察化学实验现象，培养观察能力和分析能力。组织实验探究活动，让学生通过实验探究自然界中的化学现象和规律。安排实地考察，如参观化工厂、污水处理厂、地质博物馆等，让学生亲身观察和了解化学在实际生产和生活中的应用，以及化学与自然环境的关系。

(二) 教学方法的综合运用与灵活调整

在实际教学中，单一的教学方法往往难以满足学生多元智能发展的需求。因此，教师应根据教学内容和学生的实际情况，综合运用多种教学方法，并根据教学过程中的反馈信息进行灵活调整。

例如，在讲解“化学反应速率”这一知识点时，可以先采用讲授法介绍化学反应速率的概念、表示方法和影响因素等基础知识；然后运用实验探究法让学生通过实验观察不同条件下化学反应速率的变化，如温度、浓度、催化剂等对反应速率的影响，培养学生的逻辑—数学智能和自然观察智能；接着组织小组合作学习，让学生对实验数据进行分析和讨论，得出结论，培养学生的人际智能和逻辑—数学智能；最后引导学生运用所学知识解决实际问题，如工业生产中如何提高化学反应速率以提高生产效率等，采用问题解决法培养学生的逻辑—数学智能和应用能力。

教师在化学教学期间需时刻留意学生的学习状况，依据学生的反馈灵活调整教学手段，一旦察觉到学生对某一知识点领悟不佳，教师应迅速转变策略，运用直观教学法辅助学生理解。当学生在小组协作学习中遭遇沟通阻碍时，教师要即刻介入引导与协调，助力学生提升人际智能。

五、多元智能理论在化学教学评价中的实践

(一) 构建多元化的评价指标体系

以多元智能理论作为基础，化学教学评价不应仅仅以考试成绩为唯一标准，而应构建多元化的评价指标体系，全面评价学生的学习成果和智能发展情况。

评价指标应涵盖学生的知识与技能、过程与方法、情感态度与价值观等多个方面。从知识与技能维度来看，考查学生对化学基础知识和实验操作技能的掌握情况；在过程与方法方面，评价学生在学习过程中运用各种智能进行学习和探究的能力，如问题解决能力、实验设计能力、团队合作能力等；从情感态度与价值观维度关注学生对化学学科的兴趣、学习态度、科学精神和创新意识等。

针对不同的智能类型，制定相应的评价指标。例如，从语言智能维度出发，评价学生在课堂讨论、口头报告、实验报告撰写等方面的表现；从逻辑—数学智能的角度，考查学生在化学问题解决、实验数据处理、化学计算等方面的能力；在评估空间智能方面，评价学生对化学物质空间结构的理解和想象能力，以及在分子模型搭建、晶体结构分析等方面的表现；在对身体—运动智能评估时，考查学生在实验操作中的准确性、协调性和熟练程度；在衡量音乐智能的层面，评价学生在运用音乐元素学习化学知识方面的表现，如对化学歌曲的演唱、对化学口诀的记忆等；在人际智能中，评价学生在小组合作学习、团队项目中的沟通能力、合作能力和领导能力；在内省智能的视角出发，考查学生的自我反思能力、自我评价能力和学习策略调整能力；在自然观察智能的层面考量，评价学生在观察化学实验现象、自然界中的化学现象以及分析和解决相关问题方面的能力。

（二）采用多样化的评价方式

1. 过程性评价

过程性评价则侧重于对学生学习过程的持续跟踪和评估，它贯穿于整个教学过程，通过课堂提问、小组讨论表现、阶段性作业等方式及时了解学生的学习进展和遇到的问题。例如，在讲解化学平衡这一章节时，教师在课堂上随时提问，了解学生对概念的理解程度；在小组讨论中观察学生的参与度和观点阐述，评价其思维活跃度和团队协作能力；通过批改阶段性作业，分析学生对知识点的掌握情况，针对普遍存在的问题进行集中讲解，对个别学生的特殊问题进行单独辅导。

2. 终结性评价

终结性评价通常在一个教学阶段结束后进行，如学期末考试、课程项目成果展示等。它主要考查学生对整个阶段知识和技能的综合掌握程度，以及在情感态度与价值观等方面的发展成果。以学期末化学考试为例，试卷内容涵盖本学期的重点知识，既考查学生对化学原理的记忆和理解，也通过应用题考查学生运用知识解决实际问题的能力；在课程项目成果展示中，从项目的创新性、可行性、团队协作效果以及学生的展示表现等多方面进行评价，全面评估学生在知识、能力和情感态度等方面的发展水平。

第二章　化学课堂教学策略与互动

第一节　化学课堂提问的有效技巧与策略

一、明确提问目标

(一) 促进知识理解与掌握

化学知识体系庞大且复杂，抽象概念如化学键、物质的量等，复杂原理像化学平衡原理、反应动力学等，以及多样的物质性质，如金属的活泼性、有机物的特性等，都给学生的理解和掌握带来挑战。课堂提问能够搭建起新旧知识的桥梁，助力学生构建系统的知识框架。

以“物质的量”概念教学为例，由于其抽象性，学生理解起来较为困难，教师通过联系生活实际提问：“我们在日常生活中购买大米时会用重量来衡量，那么在化学中对于微观粒子，我们如何衡量其数量呢？”这一问题将学生熟悉的宏观计量方式与陌生的微观粒子计量建立联系，激发学生的思考，顺利引入“物质的量”概念。接着深入提问：“1mol 水分子中含有多少个氢原子和氧原子？”引导学生运用物质的量与微粒数的换算关系进行计算，强化对概念的理解和运用。进一步还可提问：“已知一定质量的氯化钠，如何计算其中钠离子和氯离子的物质的量？”通过不同角度的问题让学生在反复练习中熟练掌握物质的量相关知识，实现从理论理解到实际应用的跨越。

(二) 培养思维能力

1. 逻辑思维能力

化学知识内在逻辑性强，从元素周期律到化学反应规律、从物质结构到性质变化，都遵循着严密的逻辑性。课堂提问是培养学生逻辑思维能力的有力工具。

在“氧化还原反应”教学中，教师提问:“从元素化合价的变化角度分析，氢气与氧化铜反应中，氢气发生了什么反应？为什么？”学生首先要明确氧化还原反应中化合价变化与反应类型的关系，即元素化合价升高的反应为氧化反应，元素化合价降低的反应为还原反应。然后分析氢气与氧化铜反应中氢气中氢元素化合价从 0 价升高到 +1 价，从而得出氢气发生氧化反应的结论。在这一思考解答流程里，学生经历了从概念认知到具体分析的逻辑推理过程，使逻辑思维能力得到了锻炼。

2. 批判性思维能力

培养学生的批判性思维能力对提升其综合素质意义非凡，教师应当注重激发学生敢于质疑、善于分析和合理评价的能力。在教学过程中，教师可抛出具备争议性或开放性的问题，为学生搭建起锻炼批判性思维的平台。

当探讨化学相关议题时，教师所提问题应促使学生全方位剖析化学领域中的各类环节，学生不仅需要梳理已掌握的知识并进行评价，还得权衡不同观点与多种因素间的关联。比如在思考化学某方面与其他方面的关系时，学生的思维会得到拓展，有的学生可能基于某种视角形成一种观点，而有的学生则会从另一个角度得出不同结论。通过这样的探讨与分析，学生逐步学会从多元视角审视问题，不再轻易盲目接纳既定观点，其批判性思维能力由此能够得到切实有效的培育。

二、把握提问时机

（一）课程导入时提问

课程导入是开启新知识大门的钥匙，此时提问能够迅速吸引学生的注意力，激发他们的学习兴趣，为整堂课的学习营造良好氛围。以“化学平衡”课程导入为例，教师提问:“在一定条件下，将氢气和氮气混合，反应一段时间后，体系中是否还存在氢气和氮气？为什么？”这个问题直击学生认知上的疑惑点，学生基于以往对化学反应的认知，可能会猜测反应完全进行后氢气和氮气都消耗殆尽，但又隐隐觉得似乎有其他可能。这种认知冲突激发了他们对化学平衡概念的好奇心，促使他们迫不及待地想要探究反应体系的真实情况，从而顺利引入化学平衡的概念，为后续深入学习奠定基础。

（二）知识衔接处提问

化学知识犹如一张紧密交织的网，各知识点之间存在着千丝万缕的联系。在知识衔接处提问，能够帮助学生梳理知识脉络，建立知识之间的桥梁，形成完整的知识体系。在"有机化学"学习中，从烷烃过渡到烯烃是一个重要的知识衔接点。教师提出问题："烯烃与烷烃在结构上有什么不同？这种结构上的差异会导致它们在化学性质上有哪些不同？"学生在思考过程中，会仔细对比烷烃的碳碳单键和烯烃的碳碳双键结构，进而分析结构差异如何引发化学性质的变化，如烯烃因碳碳双键的存在更易发生加成反应，而烷烃主要发生取代反应。通过这样的提问，学生不仅清晰地掌握了烷烃和烯烃各自的特点，还理解了结构决定性质这一有机化学的核心思想，使有机化学知识在头脑中形成一个有机整体①。

（三）课堂总结时提问

课堂总结是对整堂课知识的梳理与升华，此时提问有助于学生回顾重点知识，加深理解和记忆，同时培养学生的总结归纳能力。讲解完"化学实验基本操作"后，教师给出提问："本节课我们学习了哪些化学实验基本操作？在进行这些操作时需要注意哪些事项？"学生在回答过程中，会在脑海中重现本节课所学的操作，如固体药品的取用、液体的量取、仪器的连接与洗涤等，并回忆每个操作的注意要点，如固体药品取用要遵循"一斜二送三直立"，液体量取时视线要与量筒内凹液面最低处保持水平等。通过学生的回答，教师能够精准把握学生对知识的掌握程度，对学生遗漏或理解有误的地方进行及时补充和强调，帮助学生巩固所学知识，强化记忆效果。

三、选择提问方式

（一）启发式提问

启发式提问注重通过创设问题情境，引导学生逐步深入思考，从而启

① 周渝清，张凤菊，彭媛媛．双师化学课堂"1+3"规范化教学模式的实践研究 [J]. 中国标准化，2025(2)：235-237.

发学生的思维。教师在讲解“盐类的水解”时可提问：“我们知道碳酸钠溶液显碱性，那么为什么盐溶液会呈现出酸碱性呢？请从离子反应的角度思考。”这个问题没有直接给出答案，而是引导学生从离子反应这一特定角度去探索盐类水解的本质。学生在求解环节中需要调动已有的离子反应知识，分析碳酸钠在溶液中的电离和离子的相互作用，从而理解盐类水解的原理。通过这种提问方式，学生的思维得到启发，分析问题和解决问题的能力也在逐步思考中得到培养，有助于学生形成自主探究知识的思维习惯。

（二）追问

追问是在学生回答问题的基础上进一步引导学生深化对知识的理解。当学生回答“影响化学反应速率的因素有温度、浓度、压强和催化剂”后，教师追问：“为什么升高温度会加快化学反应速率？”“催化剂是如何改变反应速率的？”这两个追问促使学生从表面的因素认知深入内在原理的探究。学生需要运用分子运动论、活化能等知识来解释温度和催化剂对反应速率的影响，当学生进行思维拓展时探究精神会被激发，思维深度不断拓展，对知识的理解不再停留在浅层次的记忆而是深入本质层面，从而构建起更加完整和深入的知识体系。

（三）随机提问

随机提问能有效避免部分学生在课堂上“开小差”，使每个学生都保持高度的注意力。教师通过抽签、点名等随机方式选择学生回答问题，例如：“请这位同学回答一下，刚才我们讲的化学平衡常数的影响因素有哪些？”这种不确定性让学生时刻保持警觉，不敢懈怠。无论是基础好的学生还是基础薄弱的学生都需要全神贯注地参与课堂学习，随时准备回答问题，这极大地调动了全体学生的学习积极性，提高了课堂参与度，营造出积极活跃的课堂氛围。

第二节　小组合作学习在化学课堂的组织与实施

一、小组合作学习的理论基础

在进行化学教学实践中，小组合作学习模式的有效开展离不开坚实的理论支撑。建构主义学习理论、社会互赖理论以及最近发展区理论，从不同维度为小组合作学习提供了科学的理论依据，深刻影响着小组合作学习的组织与实施。

（一）建构主义学习理论

建构主义学习理论打破了传统教学中知识单向传递的观念，强调学习是学生主动构建知识的动态过程。在这一理论框架下，知识并非教师机械地传输给学生的，而是学生在特定情境中，借助多方助力，运用各类学习资料，通过积极的意义建构来获取的。

这种理论在化学课堂小组合作学习体现得淋漓尽致，以探讨“化学平衡移动原理”为例，小组成员基于自身已有的知识储备展开讨论，每个成员对化学反应速率、浓度、温度等概念的理解程度各异，他们在交流中分享自己对平衡移动现象的独特见解。在讨论温度对化学平衡移动的影响时，有的成员可能依据之前对化学反应热效应的理解，认为升高温度会使吸热反应方向的平衡正向移动；而有的成员则结合具体的化学实验现象，补充说明温度改变不仅影响反应速率，还会改变平衡常数，进而影响平衡移动方向。学生们在你来我往的交流中不断审视、修正和完善自己对化学平衡移动的认知，他们通过分析不同条件下平衡移动的方向和程度逐渐构建起更为系统、全面且深入的知识体系，这种基于小组合作的学习模式让学生从知识的被动接受者转变为主动探索者，在互动交流中不断丰富和深化对知识的理解，完美契合建构主义所倡导的主动建构知识的核心理念。

（二）社会互赖理论

社会互赖理论着重强调个体间的相互依赖和相互作用在学习与发展进程中的关键作用。在化学小组合作学习场景中，每个小组成员都承担着独特的角色与任务，这些角色和任务紧密相连、相互影响。

以“酸碱中和滴定实验”的小组协作为例，操作成员的工作直接关乎实验数据的准确性。他们需要精准地控制滴定管的流速，确保滴定终点的判断准确无误，稍有偏差就可能导致实验数据出现较大误差。记录员则肩负着如实记录实验数据的重任，他们的认真细致是后续数据分析的可靠保障，一旦记录出现错误，数据分析就会建立在错误的基础上，得出的结论也必然偏离真实情况。数据分析员需要依据准确的实验数据，运用所学的化学知识和数学方法深入分析实验结果，找出实验中可能存在的问题和影响因素，在这一实验流程中，任何一个环节出现差错都可能使整个实验功亏一篑。这种紧密的相互依赖关系促使学生们学会彼此协作，耐心倾听他人的意见和建议，为了共同的小组目标齐心协力。在长期的合作过程中，学生的人际交往能力和团队协作能力也会得到显著提升，并学会如何在团队中发挥自己的优势、如何与他人有效沟通和配合等，这些能力对于学生今后的学习和生活都具有重要的意义。

（三）最近发展区理论

维果茨基提出的最近发展区理论，为小组合作学习提供了独特的视角。该理论指出，学生的发展存在现有水平和潜在水平两个层面，二者之间的差距便是最近发展区。在小组合作学习中，这一理论得以充分应用。

以“有机化学合成路线设计”的学习为例，对于基础薄弱的学生而言，独立设计复杂的合成路线往往是一项极具挑战性的任务，可能会感到无从下手。然而在小组合作的环境中，小组内基础扎实、思维活跃的同学能够发挥引领作用，他们可以从原料的选择入手，向基础薄弱的同学介绍不同原料的特点和适用范围，引导他们思考如何根据目标产物的结构来选择合适的起始原料。在反应条件的控制方面，能力较强的同学可以分享自己对各类反应条件的理解，如温度、压强、催化剂等因素对反应速率和选择性的影响，帮助基础薄弱的同学逐步掌握合成路线设计的关键要点。通过这样的交流与指导，基础薄弱的同学能够在原有基础上取得明显的进步，跨越自己的最近发展区，达到更高的学习水平，同时能力较强的学生在帮助他人的过程中也需要对自己的知识和思路进行梳理和总结，这有助于他们进一步深化对知识的理解和应用，实现自身知识体系的完善和能力的提升。

二、小组合作学习在化学课堂的组织

（一）小组规模的确定

小组规模的大小直接影响小组合作学习的效果，一般来说4～6人的小组规模较为适宜。人数过少，学生之间的思维碰撞和交流机会相对有限，难以充分发挥小组合作的优势；人数过多则可能导致小组内部沟通成本增加，部分学生参与度不高，甚至出现个别学生“搭便车”的现象。在化学实验课程中，如果小组人数过少可能会出现实验操作人手不足、实验数据收集不全面的情况；而小组人数过多，在讨论实验方案和分析实验结果时容易出现意见分散、难以达成共识的问题。例如，在进行“化学反应速率影响因素探究实验”时，若小组人数为2～3人，可能会因人力有限而无法同时对多个影响因素进行实验探究；若小组人数达到8～10人，在讨论如何设计实验步骤时可能会出现众说纷纭、难以协调的局面。

（二）小组成员的分配

1. 异质分组

为了实现小组内成员的优势互补，促进学生之间的相互学习，通常采用异质分组的方式。即综合考虑学生的学习成绩、学习能力、性格特点、兴趣爱好等因素，将不同层次的学生分配到同一小组中。这样，小组内既拥有化学基础知识扎实、逻辑思维严谨的学生，也有动手能力强、富有创新思维的学生，还有善于沟通协调的学生。在完成“化学项目式学习任务——设计并制作简易化学电池”时，基础知识扎实的学生可以负责理论部分的分析，如电池的工作原理、电极反应式的书写等；动手能力强的学生可以主导电池的组装过程；善于沟通的学生则负责与教师、其他小组进行交流，获取资源和信息，同时协调小组内部的工作进度。

2. 动态调整

小组组建并非一劳永逸，教师应根据学生的学习情况和小组合作的实际效果，适时对小组成员进行动态调整。如果在小组合作过程中发现某个小组内部存在沟通障碍、成员之间矛盾较大等问题，或者某个学生在当前小组中无法充分发挥自己的优势，教师可以考虑对小组进行调整。例如，将某个性格内向、在小组中难以表达自己观点的学生调到氛围更加融洽、鼓励发言的小组中；或者对小组内的分工进行重新安排，让每个学生都能在适合自己的岗位上发挥最大作用。

（三）合作任务的设计

1. 任务类型

（1）实验探究任务

化学是一门以实验为基础的学科，实验探究任务是小组合作学习中常见且重要的任务类型。例如，在学习“氧化还原反应”时，教师可以设计实验探究任务，让小组学生通过设计实验方案，利用常见的氧化还原试剂，如高锰酸钾、过氧化氢、亚铁离子溶液等，探究氧化还原反应的本质——电子的转移。在实验过程中，学生需要观察实验现象，如溶液颜色的变化、气体的产生等，记录实验数据，并通过分析实验结果得出氧化还原反应的规律，这种任务类型能够培养学生的实验操作能力、科学探究能力和团队协作能力。

（2）项目式学习任务

项目式学习任务通常具有较强的综合性和开放性，要求小组学生在一段时间内完成一个具体的项目，例如开展“研究不同催化剂对某一有机化学反应的催化效果”的项目式学习。学生需要自主查阅文献，了解相关有机化学反应和催化剂的知识，设计实验方案，选择合适的催化剂和反应条件进行实验操作，收集和分析实验数据并最终撰写项目报告。通过完成这样的项目式学习任务，学生能够将所学的化学知识进行系统整合，提高综合运用知识的能力，同时培养自主学习能力、团队协作能力和创新能力。

2. 任务难度与梯度

（1）难度适中

合作任务的难度要与学生的现有知识水平和能力水平相匹配。任务过于简单，学生容易感到缺乏挑战性，无法激发学习兴趣和积极性；任务过于困难，学生则会感到无从下手，产生挫败感。教师在设计任务时要充分考虑学生的实际情况，例如在学习“化学平衡常数”时，如果让学生直接推导复杂化学反应的平衡常数表达式，对于初学者来说难度过大；而如果只是让学生背诵简单的平衡常数计算公式，又过于简单。因此教师可以设计一个难度适中的任务，如让学生根据给定的化学反应方程式，计算在不同条件下的平衡常数，并分析温度、浓度等因素对平衡常数的影响①。

(2) 设置梯度

为了满足不同层次学生的学习需求，任务设计应具有一定的梯度，可以将任务分为基础部分、提高部分和拓展部分。基础部分的任务是每个学生都应该掌握的基础知识和基本技能，旨在巩固学生的基础；提高部分的任务需要学生在掌握基础知识的基础上进行一定的思考和分析，培养学生的思维能力；拓展部分的任务则具有一定的开放性和挑战性，鼓励学生发挥创新思维，培养学生的创新能力。例如在学习“化学反应速率”时，基础任务可以是让学生根据实验数据计算化学反应速率；提高任务可以是让学生分析不同因素对化学反应速率的影响规律；拓展任务可以是让学生设计一个实验，探究某一新型催化剂对化学反应速率的影响并与传统催化剂进行对比。

三、小组合作学习在化学课堂的实施

小组合作学习在化学课堂中的有效实施，涉及多个关键环节，每个环节都对合作学习的效果产生重要影响。从明确小组分工，到建立合作规则，再到监控合作过程以及发挥教师的指导作用，这些步骤相互关联、相辅相成，共同构建起小组合作学习的实施框架。

(一) 明确小组分工

在小组合作学习开启之前，教师引导学生明确各自分工是至关重要的第一步。合理且清晰的分工能够确保每个小组成员都清楚自己的职责，从而保障小组合作顺利推进。

1. 组长

作为小组的核心组织者，组长肩负着多项重要职责，组长在组织小组

① 贝姣宏 . 高中化学创新思维课堂构建与实践研究 [J]. 吉林省教育学院学报，2025 (1)：44-49.

讨论时需要提前规划讨论流程，确定讨论主题和方向，引导小组成员围绕主题展开深入探讨。例如在讨论“化学反应速率影响因素”时，组长可以先让成员们分别阐述自己对各个因素（如温度、浓度、催化剂等）的初步理解，然后组织大家对不同观点进行整合和分析。协调成员关系也是组长的关键任务之一，当成员之间出现意见不合时，组长要及时介入沟通和协调化解矛盾。在“酸碱中和反应热测定实验”中，若操作员和记录员因对实验操作节奏的把握产生分歧，组长需了解双方想法，找到平衡点，确保实验顺利进行。此外，组长还需时刻监督小组任务进度，制定详细的任务时间表，确保各项任务按时完成。

2. 记录员

记录员在化学小组的各项活动里承担着极为精细且至关重要的任务。小组讨论期间，他们需要翔实留存全程，把成员所提观点、意见碰撞的情形以及最终形成的一致看法都准确无误地记录下来。在各类化学实验进程中，记录员更是要全神贯注，严谨记录实验数据；并且记录员不能仅做原始记录，还需对所记内容加以梳理、分类，让记录成果便于后续随时查阅，为小组总结与复盘提供有力支撑。

3. 汇报员

汇报员堪称小组的“发声筒”，在小组成果展示之际承担着向全班传递小组协作结晶的重任。出色的汇报员必须拥有出色的表达与交流本领，能够条理清晰、精准无误地阐释小组的研究路径、实验步骤、数据解析以及最终定论。在展示各类化学实验成果时，汇报员既要如实传达实验获取的数据结果，又要详细说明实验进程中所施行的手段、遭遇的难题及其解决办法，以便让其他同学透彻领会小组的工作全貌。

4. 操作员

操作员在化学实验操作中是具体执行者，他们的操作规范和熟练程度直接影响实验结果，以“酸碱中和反应热测定实验”为例，操作员要严格按照实验操作规程进行量取溶液，确保溶液体积的准确性；在搅拌过程中要控制好搅拌速度和力度，以保证反应充分进行；测量温度时要正确使用温度计读取准确的温度数值。操作员还需熟悉实验仪器的性能和使用方法，能够及时发现并解决一些简单的仪器故障问题。

(二) 建立合作规则

为了保障小组合作学习有序、高效地开展，建立一套完善的合作规则是必不可少的。

1. 规则内容

(1) 尊重与倾听

小组成员之间要相互尊重彼此的观点和意见，无论是在讨论环节还是在实验操作过程中都不能轻易否定他人的想法。例如在讨论“化学平衡移动的影响因素”时，即使某个成员提出的观点与主流观点不同，其他成员也应耐心倾听并且给予充分的表达机会。认真倾听他人发言是尊重他人的具体体现，也是获取信息、拓宽思路的重要途径，成员们要专注于发言者的发言，理解其观点的核心内容，避免在他人发言时随意打断或分心。

(2) 按时完成任务

明确的时间观念对于小组合作至关重要，每个成员都要按时完成自己负责的任务以免影响整个小组的进度。以“化学项目式学习任务——设计并制作简易化学电池”为例，负责不同部分 (如电池原理分析、材料选择、组装等) 的成员都要按照预定时间节点完成工作，确保项目能够顺利推进。

(3) 遵守实验室安全规则

在化学实验操作进程中，安全始终被奉为首要准则，小组成员务必严格恪守实验室的安全规章，规范运用各类实验仪器与化学试剂，每一位成员都要清楚认识到规范操作是保障实验顺利进行以及自身安全的关键，必须以严谨认真的态度对待实验中的每一个步骤。

2. 规则制定与执行

教师可以引导小组学生共同参与合作规则的制定，让学生们充分发表自己的意见和建议，增强他们对规则的认同感和遵守的自觉性，教师在规则执行过程中可以制定相应的奖惩机制。对于遵守合作规则、表现优秀的小组和个人，教师可以在课堂上进行公开表扬并且给予一定的物质奖励；对于违反合作规则的小组和个人，教师要及时进行批评教育，帮助他们认识到错误，并督促其改正。如果某个小组在讨论中多次出现争吵、不尊重他人的情况，教师可以减少该小组的平时成绩分数并要求小组重新学习合作规则，进行反思和改进。

（三）教师的指导作用

1. 知识与技能指导

（1）实验技能指导

在学生进行化学实验时常常会遇到各种实验技能方面的问题，例如学生在使用复杂的实验仪器如气相色谱仪时可能对仪器的操作流程和参数设置感到困惑，教师可以现场进行详细的示范和指导，从仪器的开机准备、样品进样、参数调整到数据采集和分析，一步一步地向学生演示正确的操作方法。对于实验现象不明显的问题，教师要帮助学生分析原因究竟是实验条件控制不当还是试剂的纯度或用量有问题，在“化学反应速率实验”中，如果反应现象不明显，教师可以引导学生检查反应温度是否达到要求、反应物浓度是否合适等。

（2）化学知识指导

当学生在讨论化学问题时，对某些化学概念或原理理解有误的情况也时有发生，以“物质的量”这一抽象概念为例，学生在理解物质的量与微粒数之间的关系时可能存在困难。教师可以通过生动形象的举例，如将一定数量的苹果比喻为一定物质的量的微粒帮助学生建立起直观的认识，还可以进一步拓展，用不同数量的苹果代表不同物质的量，让学生理解物质的量与微粒数之间的正比关系。在讲解“氧化还原反应”概念时，如果学生对氧化剂和还原剂的判断出现混淆，教师可以通过具体的化学反应方程式详细分析元素化合价的变化，从而明确氧化剂和还原剂的定义和判断方法。

2. 思维方法指导

在学生处理化学难题的过程中，教师应当发挥引导作用，促使学生尝试从多元视角思索问题，并运用多种方式展开剖析与解答。教师可鼓励学生分别从宏观和微观等不同层面深入探究。从微观层面来说，温度的改变会对分子运动的剧烈程度以及碰撞频率产生影响，进而左右化学反应的速率与平衡状态。通过这样的教学引导能够有效培育学生的多角度思维能力，助力学生更为全面、透彻地领会化学知识。

3. 团队协作指导

(1) 沟通协作技巧指导

教师要引导学生学会倾听他人的意见，尊重他人的观点，当与他人意见不一致时要学会通过沟通和协商来解决问题。在小组讨论中，教师可以组织一些沟通技巧训练活动，如角色扮演，让学生模拟在小组合作中出现意见分歧时的沟通场景，学习如何表达自己的观点，如何倾听他人意见以及如何达成共识。在小组分工时，教师要指导学生根据每个成员的优势和特长进行合理分工，例如对于动手能力强的学生可以安排其负责实验操作；对于思维严谨、逻辑清晰的学生可以让其负责数据分析和总结。

(2) 人际关系协调

教师还需密切关注小组内部的人际关系，当小组内部出现矛盾和冲突时及时进行调解和引导，比如当小组内两名成员因实验方案的选择产生分歧时，教师可引导他们分别阐述自己的观点和理由，然后共同分析两种方案的优缺点。组织小组会议，让两名成员在大家面前充分表达自己的想法，其他成员也可参与讨论并且提出建议。通过这种方式最终找到一个双方都能接受的解决方案，帮助学生建立良好的团队合作关系，确保小组合作学习顺利进行。

第三节　利用信息技术增强化学课堂互动

一、多媒体技术在化学课堂互动中的应用

(一) 多媒体课件的制作与运用

1. 内容呈现

(1) 多元素融合的优势

多媒体课件打破了传统教学中单一文字或图片的局限性，将文字、图像、音频、视频等多种元素有机融合。这种融合为化学知识的呈现带来了革命性的变化。以“化学反应与能量”这一复杂且抽象的章节为例，化学反应中的能量变化涉及微观层面的化学键变化以及宏观的反应现象，单纯依靠

文字描述和静态图片，学生很难在脑海中构建起清晰的认知。借助多媒体课件，插入相关的实验视频，学生可以直观地看到化学反应过程中温度的升降，通过温度计的示数变化来感受能量的转移；观察到发光发热现象，如镁条在空气中燃烧发出耀眼的白光，这直观地展示了化学反应释放能量的过程。

（2）微观过程的可视化

配合动画演示化学键的断裂与形成过程中能量的吸收和释放，更是将微观世界的变化直观呈现给学生。动画中用不同颜色的线条和图形代表原子和化学键，当化学键断裂时，伴随着能量的吸收，原子之间的连接断开；而化学键形成时释放能量，原子重新组合成新的分子。这种可视化的展示让学生能够更深刻地理解化学反应的本质，即旧化学键的断裂和新化学键的形成以及其中能量的变化规律，从而在脑海中建立起化学反应与能量之间的紧密联系。

2. 互动设计

（1）元素周期表的互动示例

在讲解“元素周期表”时，制作交互式的元素周期表课件是一种极具创意的互动设计。当学生点击某个元素时课件会弹出丰富的相关信息，原子结构示意图以直观的图形展示了原子核以及核外电子的分布情况，帮助学生理解元素的电子构型，这对于理解元素的化学性质至关重要。元素性质的介绍涵盖了元素的金属性、非金属性、氧化性、还原性等，让学生对元素的基本特性有清晰的认识；而常见化合物的展示则通过具体的实例让学生了解元素在实际化合物中的存在形式和化学行为。

（2）互动游戏的教学意义

设置一些问题和小游戏，如元素性质的对比填空，将具有相似或相反性质的元素放在一起，让学生通过填空的方式加深对元素性质差异的理解。根据元素特征猜元素的游戏则更具有趣味性，给出元素的一些关键特征，如“地壳中含量最多的金属元素”“常温下呈液态的金属元素”等，让学生在猜测的过程中积极调动自己对元素知识的储备，强化对元素特征的记忆，这些互动环节不仅使课堂氛围更加活跃，还能让学生在轻松愉快的氛围中巩固知识，增强对元素周期表的理解和记忆，激发学生主动参与课堂互动的热情[①]。

(二) 视频资源的引入

1. 实验视频

(1) 实验演示的局限性与视频弥补

化学实验是化学教学的核心，但由于多种因素限制，并非所有实验都能在课堂上现场演示。以“氯气的制备与性质”实验为例，氯气具有毒性，一旦泄漏可能会对师生的健康造成危害，因此现场演示存在较大的安全风险。然而精心制作的实验视频则完美地解决了这一问题，学生通过视频可以清晰地看到氯气的制备装置，从发生装置中反应物的混合与反应，到收集装置中利用向上排空气法或排饱和食盐水法收集氯气的过程，每一个细节都一目了然。

(2) 知识的全面传递

视频中展示的氯气与各种物质反应的现象，如氯气与金属钠反应时，钠在氯气中剧烈燃烧，产生大量白烟，生成氯化钠；氯气与氢气混合光照发生爆炸，这些震撼的实验现象让学生印象深刻。同时，视频中的讲解详细介绍了实验原理，如氯气制备的化学反应方程式，以及操作注意事项，如如何检查装置的气密性、尾气如何处理等，让学生不仅知其然，还知其所以然，全面掌握实验相关知识，促进学生对化学实验的深入理解和思考。

2. 科普视频

(1) 拓宽视野与激发兴趣

引入化学科普视频是拓宽学生视野、激发学生对化学学科兴趣的有效方式。播放关于纳米材料的科普视频，向学生介绍纳米材料在多个领域的神奇应用。在日常生活中，纳米材料被应用于衣物的防水透气处理，使衣物既防水又能保持良好的透气性；在医学领域，纳米银凭借其强大的抗菌性能，被用于制作抗菌敷料、医疗器械等，能够有效预防和治疗感染。

(2) 促进课堂互动的作用

在电子器件中，碳纳米管由于其优异的电学性能被应用于制造高性能

---

① 杨寿花. 信息技术与高中化学课堂教学的融合策略 [J]. 中国新通信，2025 (2)：230-232.

的电子元件，这些科普视频展示了化学学科在前沿科技领域的巨大影响力，让学生感受到化学与生活的紧密联系，认识到化学不仅仅是书本上的知识，更是推动社会发展和科技进步的重要力量。这激发了学生对化学知识的探索欲望，学生们在课堂上会积极讨论这些有趣的应用，提出自己的疑问和见解，从而促进课堂互动，营造积极活跃的学习氛围。

二、虚拟实验技术在化学课堂互动中的作用

(一) 虚拟实验平台的功能与特点

1. 高度仿真

虚拟实验平台借助先进的计算机模拟技术，能将化学实验场景和过程逼真地呈现在学生面前。走进虚拟实验室，映入眼帘的是与真实实验室别无二致的实验仪器，从常见的试管、烧杯、量筒，到较为复杂的滴定管、容量瓶等，它们的外观、材质质感都被精准还原，试剂的颜色、状态也清晰可见，就像真实的化学试剂摆在眼前。

以“酸碱中和滴定”虚拟实验为例，学生操作时，只需轻轻移动鼠标，就能精准量取一定体积的酸和碱溶液。在选择指示剂环节，虚拟平台会详细展示各种指示剂的特性，学生根据所学知识选择合适的指示剂滴入溶液。滴定过程中，随着溶液的混合，颜色逐渐发生变化，从最初的颜色慢慢过渡到滴定终点的颜色，这一过程与真实实验中的现象如出一辙，让学生仿佛身临其境。

2. 交互性强

虚拟实验平台为学生提供了充分发挥主观能动性的空间，在“探究影响化学反应速率的因素”虚拟实验中，学生能够完全按照自己的思路设计实验方案。可以自主调整反应物的浓度，将浓度从低到高逐一设置，观察反应速率的变化；改变反应温度，通过升高或降低温度探究温度对反应速率的影响规律；还能添加不同种类和用量的催化剂，对比不同催化剂对反应的催化效果。

学生在实验操作期间能实时观察到实验结果的动态变化，比如反应产生气泡的速率、溶液颜色变化的快慢等，实验结束后学生可以对生成的数据

进行深入分析，运用所学的数学知识和化学原理总结出影响化学反应速率的因素及其影响规律。这种高度的交互性充分调动了学生的主动性和创造性，促使他们在实验过程中积极思考、深入探索。

（二）虚拟实验对课堂互动的促进

化学学科中存在许多抽象的概念和复杂的化学反应，传统的教学方式往往难以让学生透彻理解。然而虚拟实验的出现则为解决这一难题提供了有效途径。以“化学平衡”概念的学习为例，学生通过虚拟实验，可以直观地观察到在不同条件下化学平衡的动态移动过程。当改变温度时，学生能看到平衡体系中各物质的浓度发生相应变化，反应朝着吸热或放热的方向进行调整；增大压强，体系则会向气体分子数减少的方向移动以达到新的平衡。

采用这种直观的展示方式能把抽象晦涩的化学平衡概念转变为直观可感的动态流程，极大程度上便利了学生的理解与接纳。学生在观摩虚拟实验期间往往会被神奇的化学变化深深吸引，从而萌生出浓厚的好奇心与强烈的探索意愿，此时学生不再甘愿被动吸纳知识，而是踊跃主动地投身于课堂互动之中，大胆表达自身的疑惑和见解，与教师及同学展开深入热烈的研讨。

三、在线学习平台在化学课堂互动中的应用

（一）常见在线学习平台的类型与功能

1. 学习管理系统（LMS）

（1）资源与活动管理核心功能

学习管理系统（LMS）作为一种广泛应用的在线学习平台，其核心价值在于为教师和学生搭建起一个集中管理学习资源、课程内容以及学习活动的综合性平台。对于教师而言，创建课程是其在 LMS 中的首要任务。以化学课程为例，教师能够根据教学大纲和教学计划，有条不紊地将课程内容进行系统梳理并录入平台。在课程搭建进程里，上传丰富多样的教学资料是关键环节，课件可以是精心制作的 PPT，涵盖化学概念、原理、反应方程式等核心知识，通过图文并茂的展示，帮助学生更好地理解抽象的化学知识；文档则可以是详细的实验报告模板、拓展阅读材料等，进一步丰富学生的学习素

材；视频资源则包括实验演示视频、知识讲解视频等，如在讲解“氧化还原反应”时，教师上传的实验视频能直观展示反应过程中物质的变化，让学生更清晰地理解氧化还原的本质。

(2) 学习任务发布与交流互动

除了教学资料的上传，教师还能在 LMS 上发布各类学习任务，作业可以是书面练习题、实验报告撰写等，帮助学生巩固所学知识；测验和考试则能有效检验学生的学习成果，教师可以根据测验结果了解学生对知识的掌握程度，以便调整教学策略。学生在平台上的学习过程也十分便捷，他们可以随时随地登录平台，按照教师的安排学习课程内容，完成作业并提交，参加测验和考试。同时 LMS 的讨论区为师生、生生之间的交流提供了良好的平台，在使用雨课堂学习管理系统进行化学教学时，教师可以设置关于“化学反应速率影响因素”的讨论话题，学生可以在讨论区分享自己对不同因素影响化学反应速率的理解，提出疑问，教师则可以及时给予解答和引导，促进学生之间的思想碰撞和知识交流。

2. 互动教学平台

(1) 实时互动功能的多样性

互动教学平台以促进师生之间和生生之间的实时互动为重点，其功能丰富多样。直播教学功能使教师能够像在传统课堂上一样，通过摄像头和麦克风与学生进行实时交流，讲解化学知识。在讲解“化学计算”这一难点内容时，教师可以利用互动教学平台进行直播授课，在讲解过程中，学生如果遇到问题，只需点击举手按钮，就可以与教师进行一对一的交流，教师能够及时解答学生的疑惑，确保学生跟上教学进度。

(2) 小组讨论与互动白板的应用

互动白板在在线化学教学中发挥着极为重要的作用，为教学增添了强烈的趣味性与直观性。教师能够借助白板开展板书工作，绘制图形展示化学方程式的推导进程以及实验装置图等关键教学内容，学生也可在白板上进行标注、提出疑问，极大地强化了师生间的互动交流。

小组讨论区为学生搭建起合作学习的优质平台，在此空间里学生可围绕各类化学问题共同研讨，分享各自的学习体会，学生们通过观点的碰撞与交流能够深入理解化学知识，提升学习效果。在线答疑功能是学生解决学习难题的便捷通道，学生在化学学习期间，一旦遭遇问题可即刻向教师提问，及时获取解答，确保学习进程的顺畅无阻。

教师还能在教学平台上布置化学计算练习题并设定完成时限，学生在规定时间内完成作答后，教师借助互动白板展示答题状况，针对学生的错误予以详细剖析与讲解，助力学生熟练掌握化学计算的方法与技巧，全面提升化学学习能力。

(二) 在线学习平台对课堂互动的影响

1. 拓展互动时空

(1) 打破时间与空间限制

传统的化学课堂互动往往局限于有限的课堂时间和教室空间，而在线学习平台的出现彻底打破了这些限制。在时间维度上，学生不再受课堂 45 分钟的束缚，在学习“化学平衡常数”这一知识点后，学生如果对平衡常数的计算和应用存在疑问，无论在课后的任何时间，都可以通过在线学习平台向教师提问。教师也可以在方便的时候及时给予解答，实现了学习问题的及时反馈和解决。在空间维度上，学生无须局限于教室，无论在家中、图书馆还是其他有网络的地方，都能与教师和同学进行互动交流。

(2) 促进知识交流与共享

学生还可以在平台上发起关于“化学平衡常数在实际生产中的应用”的讨论话题，来自不同地方的同学可以分享自己通过查阅资料、了解实际生产案例所获得的观点和想法。有的学生可能了解到在合成氨工业中通过控制温度、压强等条件来利用化学平衡常数提高氨气的产量；有的学生则可能分享在硫酸工业中如何根据化学平衡常数优化二氧化硫的催化氧化过程。这种跨越时空的交流极大地促进了知识的交流和共享，拓宽了学生的学习视野。

2. 促进个性化学习与互动

(1) 个性化学习建议与资源推荐

在线学习平台借助先进的数据分析技术，能够根据学生的学习数据和行为进行深入分析，为学生提供个性化的学习建议和资源推荐。教师通过平台可以清晰地了解每个学生的学习进度，例如哪些学生在“物质的量”这一章节学习进度较快、哪些学生存在困难等。对于学习难点，平台可以根据学生在化学测验中的答题情况分析学生对不同知识点的掌握程度。如果发现某个学生在“氧化还原反应方程式的配平”这一知识点上错误较多，平台就会为其推荐相关的学习资料，如配平方法的讲解视频、专项练习题等，帮助学生有针对性地巩固薄弱环节。

(2) 个性化互动学习小组的形成

在促进学生互动学习的进程中，平台扮演着关键角色，平台依据学生各异的兴趣倾向和学习诉求，巧妙地为学生搭建学习小组。当学生因共同兴趣会聚在同一小组后，他们能够尽情施展各自的长处，携手攻克学习道路上的难关，达成个性化的互动式学习。这种量身定制的学习与互动模式精准契合学生的学习需要，有效提升了学生的学习热情，助力学习成果更上一层楼。

四、信息技术与化学课堂互动融合的挑战与应对策略

(一) 信息技术与化学课堂互动融合面临的挑战

1. 技术应用能力不足

部分教师和学生对信息技术的应用能力有限，可能无法充分发挥信息技术在化学课堂互动中的优势，教师可能不熟悉多媒体课件的制作技巧、虚拟实验平台的操作方法以及在线学习平台的功能应用，导致在教学过程中无法有效地运用信息技术。学生可能在使用虚拟实验平台时遇到操作困难，在在线学习平台上参与互动时不熟悉相关功能，影响学习效果和互动体验。

2. 教学资源质量参差不齐

虽然信息技术为化学教学提供了丰富的教学资源，但这些资源的质量参差不齐。一些多媒体课件内容简单、缺乏创意，实验视频画质模糊、讲解不清晰，虚拟实验平台的仿真度不高，在线学习平台的学习资料陈旧等问题都可能影响学生的学习兴趣和学习效果，进而影响课堂互动的质量。

3. 学生注意力分散

在利用信息技术进行化学课堂互动时，学生可能会受到各种信息的干扰导致注意力分散。比如学生在使用在线学习平台时可能会受到平台上其他无关信息的吸引，如广告、娱乐新闻等，从而无法专注于化学学习。在观看

多媒体课件或视频时，学生可能会被课件或视频中的一些无关元素所吸引，影响对化学知识的学习和理解。

(二) 应对策略

1. 加强技术培训

学校和教育部门应加强对教师和学生的信息技术培训，提高他们的技术应用能力，针对教师，可以开展多媒体课件制作、虚拟实验平台操作、在线学习平台应用等方面的培训课程和讲座，让教师熟练掌握信息技术在化学教学中的应用技巧。对于学生，可以在信息技术课程中增加与化学教学相关的内容，让学生在学习信息技术的同时掌握如何利用信息技术辅助化学学习。

2. 优化教学资源

建立优质教学资源的审核和评价机制，确保化学教学资源的质量，学校和教育部门可以组织专家和教师对教学资源进行筛选和审核，推荐优质的多媒体课件、实验视频、虚拟实验平台和在线学习平台等教学资源。同时鼓励教师和教育工作者积极开发和制作高质量的化学教学资源，如制作生动有趣、内容丰富的多媒体课件，拍摄高清、讲解详细的实验视频，开发高度仿真、交互性强的虚拟实验平台等。

3. 引导学生正确使用信息技术

教师在利用信息技术进行化学课堂互动时要引导学生正确使用信息技术，避免注意力分散，在推进课堂教学期间，教师可以提前告知学生在使用信息技术时的注意事项，如在使用在线学习平台时要专注于学习内容，避免浏览无关信息。同时教师可以通过设置明确的学习任务和目标引导学生有目的地使用信息技术，提高学习效率，例如在使用多媒体课件进行教学时，教师可以在课件中设置一些问题和思考点，让学生在观看课件的过程中带着问题去思考，从而集中注意力。

第三章　化学课堂教学方法与技能研究

第一节　化学课堂教学建议

化学知识是培养学生化学学科核心素养的重要载体，化学教学是落实化学课程目标、引导学生达成化学学业质量要求的基本途径；化学学习评价是化学教学评价的重要组成部分，对于学生化学学科核心素养具有诊断和发展功能。教师在化学教学与评价中应紧紧围绕“发展学生化学学科核心素养”这一主旨，优化教学过程，有效提高教学质量，发展素质教育，落实立德树人的根本任务。

一、深刻领会化学学科核心素养的内涵，科学制订化学教学目标

（一）深刻领会化学学科核心素养的内涵

宏观辨识与微观探析、变化观念与平衡思想、证据推理与模型认知、科学探究与创新意识、科学态度与社会责任五个方面，是从正确价值观念、必备品格和关键能力层面对化学学科核心素养内涵的揭示，是学生科学素养在知识与技能、过程与方法和情感态度与价值观三个方面得到全面发展的综合表现。

化学学科核心素养构成要素之间具有内在的本质联系。宏观辨识与微观探析、变化观念与平衡思想和证据推理与模型认知分别是从学科观念和思维方式视角对化学科学思维进行描述。科学探究与创新意识是对化学科学实践的表征；科学态度与社会责任是对化学科学价值取向的刻画，是化学学科整体育人功能和价值的具体表现。

(二) 科学制订化学教学目标

应统筹规划化学教学目标。学生化学学科核心素养的发展是一个持续进步的过程。因此，教师应依据化学学科核心素养的内涵及其发展水平、初中和高中化学课程目标、化学课程内容及学业质量要求(包括学业要求和学业质量水平)，结合学生的已有经验，对学段、模块或主题、单元和课时教学目标进行整体规划和设计。例如，结构决定性质是化学学科的核心观念，是宏观辨识与微观探析思维方式的具体表现形式。对于这一观念的学习，就可以整体设计为四个阶段：在必修阶段元素周期律的学习中，要求认识元素“位”“构”“性”之间的内在联系，能根据元素“位”“构”的特点预测和解释元素的性质；在选择性必修课程化学键与物质的性质的学习中，要求能根据化学键的特点解释和预测化合物的性质；在选择性必修课程分子间作用力与物质的性质的学习中，要求能解释和说明分子间作用力、氢键对物质性质的影响；在选择性必修课程有机化学基础模块的学习中，要求能根据有机化合物官能团的结构特点解释和预测有机化合物的性质。

应避免教学目标的制订流于形式。教师应根据具体教学内容的特点和学生的实际来确定化学教学目标，切忌生硬照搬化学学科核心素养的五个方面，防止教学目标制订的表面化和形式化。

二、准确把握学业质量标准，合理选择和组织化学教学内容

(一) 整体规划化学教学内容的深广度

学业质量标准是对学生完成相应的课程内容学习时所应达到的化学学科核心素养水平的一种描述，用于检验和衡量学生化学学习的程度和水平。因此，它不仅对化学教学评价具有指导作用，而且是教师选择化学教学内容的一个重要依据。为此，教师应仔细研读化学学业质量标准，明确化学教学内容在各学段的不同水平要求，整体规划不同学段化学教学内容的深广度。例如，化学反应与能量转化的内容，在不同学习阶段都有所涉及，但教学内容的深广度和学业质量要求是不一样的。在必修阶段，要求学生能基于具体的现象与事实描述和说明化学反应中的物质与能量转化；在选择性必修阶

段，要求学生能基于化学反应的本质来解释和说明化学反应中的物质与能量转化，能从物质与能量变化的角度选择和评价燃料，从STSE（科学、技术、社会、环境）角度认识化学反应中物质与能量变化的价值，形成全面节约资源、物能循环利用的意识。

（二）合理组织化学教学内容

化学教学内容的组织，应有利于促进学生从化学学科知识向化学学科核心素养的转化，而内容的结构化则是实现这种转化的关键。内容的结构化主要有以下三种形式。

1. 基于知识关联的结构化

它是按照化学学科知识之间的逻辑关系组织起来的，如化学键知识的结构化，化学键分为离子键和共价键，共价键又分为极性键和非极性键，等。

2. 基于认识思路的结构化

它是从学科本原对物质及其变化的认识过程的一种概括，如元素"位""构""性"的关系（周期表中的位置决定它的结构，再由结构决定性质）。

3. 基于核心观念的结构化

它是对物质及其变化的本质和其认识过程的进一步抽象，以促使学生建构和形成化学学科的核心观念。例如，对元素"位""构""性"三者的关系，从学科本原可进一步概括出"结构决定性质，性质反映结构"这一化学学科的统摄性观念，这一观念是宏观辨识与微观探析等化学学科核心素养的具体体现。教师在组织教学内容时应高度重视化学知识的结构化设计，充分认识知识结构化对于学生化学学科核心素养发展的重要性，尤其是应有目的、有计划地进行"认识思路"和"核心观念"的结构化设计，逐步提升学生的化学知识结构化水平，发展化学学科核心素养。

（三）贴近生活、社会实际，重视化学与其他学科的联系

化学科学与生产、生活和科学技术的发展有着密切的联系，对社会发展、科技进步和人类生活质量的提高有着广泛而深刻的影响。在教学中，教师应重视STSE内容主题的选择和组织，紧密联系生产、生活实际，使学生

认识到化学能够创造更多物质财富满足人民日益增长的美好生活需要，使学生能综合运用所学知识解释和解决有关的 STSE 问题。例如，在乙醇的教学中，教师可选择酒在人体内的转化途径、酒驾的检验、不同饮用酒中酒精的浓度、工业酒精和食用酒精的区别等内容，使学生充分认识化学科学的价值。

在化学教学中，教师还应重视跨学科内容主题的选择和组织，加强化学与物理学、生物学、地理学、材料科学和环境科学等学科的联系，引导学生在更宽广的学科背景下认识物质及其变化的规律，帮助学生拓宽视野，开阔思路，综合运用化学和其他学科的知识分析、解决有关问题，发展学生的科学素养。例如，在氢键的教学中，可选择 DNA、蛋白质结构中的氢键，使学生认识氢键与生物体的密切关系。

三、充分认识化学实验的独特价值，精心设计实验探究活动

(一) 充分认识化学实验的独特价值

以实验为基础是化学学科的重要特征之一，化学实验对于全面发展学生的化学学科核心素养有着极为重要的作用。化学实验有助于激发学生学习化学的兴趣，创设生动活泼的教学情境，帮助学生理解和掌握化学知识和技能，启迪学生的科学思维，训练学生的科学方法，培养学生的科学态度和价值观。在化学教学中，可以从以下几个方面发挥化学实验的教学功能：第一，引导学生通过实验探究活动学习化学。例如，可通过“催化剂对过氧化氢分解反应速率的影响”实验的探究活动，帮助学生了解催化剂是影响化学反应速率的一个重要因素。第二，重视通过典型的化学实验事实引导学生认识物质及其变化的本质和规律。例如，可通过具体实验数据引导学生讨论第三周期元素及其化合物的性质，以及性质变化规律。第三，利用化学实验史实引导学生了解化学概念、化学原理的形成和发展，认识实验在化学科学发展中的重要作用。引导学生综合运用所学的化学知识和技能，进行实验设计和实验操作，分析和解决与化学有关的实际问题。

教师应认真组织学生完成课程标准中要求的必做实验，重视培养学生物质的分离、提纯和检验等实验技能，树立安全意识，形成良好的实验室工

作习惯。应根据学校实际情况合理地选择实验教学形式，有条件的学校尽可能多地为学生提供动手做实验的机会；条件有限的学校，可采取教师演示实验或利用替代品进行实验。鼓励实验的绿色化设计，开展微型实验；注重发挥现代信息技术的作用，积极探索现代信息技术与化学实验的深度融合，合理运用计算机模拟实验，但不能完全替代真实的化学实验。

(二) 精心设计实验探究活动

实验探究是一种重要的科学实践活动，是化学学科核心素养的构成要素之一。教师应依据科学探究与创新意识素养发展水平和学业质量标准，结合学生的认知发展特点，精心设计实验探究活动，有效地组织和实施实验探究教学，增进学生对科学探究能力的理解，发展科学探究能力。

实验探究活动应紧密结合具体的化学知识教学来进行。例如，实验探究卤族元素的性质递变规律、实验探究维生素 C 的还原性等，使化学知识的学习、科学探究能力的形成与化学学科核心素养的发展有机结合起来。实验探究教学要讲究实效，不能为了探究而探究，应避免探究活动泛化、探究过程程式化和表面化；应把握好探究的水平，避免浅尝辄止或随意提升知识难度的做法；应避免在实验探究过程中教师包办代替或对学生放任自流的现象。

四、创设真实问题情境，促进学习方式转变

(一) 创设真实且富有价值的问题情境

真实、具体的问题情境是学生化学学科核心素养形成和发展的重要平台，为学生化学学科核心素养提供了真实的表现机会。因此，教师在教学中应重视创设真实且富有价值的问题情境，促进学生化学学科核心素养的形成和发展。

真实的 STSE 问题和化学史实等，都是有价值的情境素材。例如，“氧化还原反应”的教学，教师可以提供有关汽车尾气及其危害的素材，使学生产生运用化学方法解决这一问题的欲望，提出如何根据氧化还原原理对汽车尾气进行绿色化处理的问题。“什么是绿色化处理?”“汽车尾气的主要成分

有哪些？”“如何将有害物质转化为无毒无害物质？转化需要哪些条件？”等，这些具体的问题解决任务，能促使学生查阅文献、设计方案、实验探究等。正是在这样的解决问题过程中学生的化学学科核心素养得到了提升，生态文明的意识得到了增强。

（二）积极促进学生化学学习方式的转变

学生化学学科核心素养的发展是一个自我建构、不断提升的过程。教师要紧紧围绕化学学科核心素养发展的关键环节，引导学生积极开展建构学习、探究学习和问题解决学习，促进学生学习化学的方式转变。为此，教师应尽可能设计多样化的实验探究学习任务，应结合具体的化学教学内容的特点和学生的实际，引导学生开展分类与概括、证据与推理、模型与解释、符号与表征等具有学科特质的学习活动，应注意设计真实情境下解决不同复杂和陌生程度问题的活动，引导学生通过小组合作、实验探究、讨论交流等多样化方式解决问题。

五、实施“教、学、评”一体化，有效开展化学日常学习评价

化学学习评价包括化学日常学习评价和化学学业成就评价（主要有化学学业水平合格性考试和学业水平等级性考试）。应树立“素养为本”的化学学习评价观，紧紧围绕化学学科核心素养的发展水平和化学学业质量标准来确定化学学习评价目标，注重过程性评价和结果性评价的有机结合，灵活运用活动表现、纸笔测验和学习档案评价等多样化的评价方式，倡导学生自评、同伴互评与教师评价相结合，充分发挥评价促进学生化学学科核心素养全面发展的功能。

化学日常学习评价是化学教学不可或缺的有机组成部分，是化学学习评价的一种重要表现形式，是实施“教、学、评”一体化教学的重要链条。教师应充分认识化学日常学习评价对于促进学生化学学科核心素养发展的重要性，积极探索开展化学日常学习评价的有效途径、方式和策略。

提问与点评、练习与作业、复习与考试等是有效开展化学日常学习评价的基本途径和方法。课堂提问的设计应有意识地关注对化学学科核心素养达成情况的诊断。例如，“有哪些因素影响物质体积的大小？”这一问题的设

计就具有素养诊断价值。有的学生只能基于“宏观”视角思考影响因素，有的学生只能基于“微观”视角思考影响因素，而有的学生却能基于“宏观辨识与微观探析”视角指出影响因素，并能给予解释。

教师应注意发挥课堂练习和课后作业对于学生化学学科核心素养的诊断与发展功能，依据课程内容的各主题的学业要求，精心编制成精选课堂练习和课后作业题，使“教、学、评”活动有机结合，同步实施，形成合力，有效促进学生化学学科核心素养的形成与发展。单元与模块复习应依据内容要求围绕化学核心概念和观念的结构化来进行，通过提问或绘制概念图等策略来诊断学生化学核心概念和观念的结构化水平；对于处在“知识关联”水平的学生，应引导他们进一步概括核心概念的认识思路，形成基于“认识思路”的结构化，从而提升化学核心概念和观念的结构化水平，发展化学学科核心素养。

单元与模块考试应以学生化学学科核心素养的达成情况为考核重点，试题命制应以学业质量标准的要求为依据，题目应具有一定的情境性和综合性，为学生解决真实情境下不同复杂程度化学问题提供表现素养的机会。通过考试，教师可以较为准确地诊断出学生化学学科核心素养的发展水平和化学学业质量标准的达成情况，为有针对性地提出学生化学学科核心素养发展的改进建议提供依据。

六、增进化学学科理解，提升课堂教学能力

(一) 增进化学学科理解

开展基于学生化学学科核心素养发展的课堂教学，对化学教师的专业素养提出了更高的要求，要求教师进一步增进化学学科理解。化学学科理解是指教师对化学学科知识及其思维方式和方法的一种本原性、结构化的认识，它不仅是对化学知识的理解，还包括对具有化学学科特质的思维方式和方法的理解。

教师应注重通过多种途径和方法提高化学学科理解能力。教师应反思自身化学学科理解方面的不足，主动参加有关的学习和培训活动；应充分发挥化学教研组、备课组的作用，结合具体的教学内容，有针对性地开展所

教内容的学科理解研讨；积极发挥区域教研的优势，通过“名师工作室”和“学科教研基地”等多种形式开展教研活动，使自己的化学学科理解能力得到相应的提高。

(二) 提升课堂教学能力

发展学生的化学学科核心素养，要求教师积极开展“素养为本”的课堂教学实践，主动探索“素养为本”的有效课堂教学模式和策略。在化学教学设计和实施中，教师应科学制订具体可行、基于化学学科核心素养发展的教学目标，挖掘教学内容在化学学科核心素养发展方面的独特价值，设计和开展多种形式的实验探究活动，有目的、有计划地引导学生运用化学科学思维方式和方法学习化学知识，注重引导学生在化学知识结构化的自主建构中理解化学核心观念，设计基于真实情境的解决问题的任务，使学生在解决问题的活动中逐步发展化学学科核心素养。

“素养为本”的化学课堂教学设计与实施，对教师来说是一个新的、富有挑战性的研究课题。教师要以改革的精神主动探索，积极开展“素养为本”的课堂教学行动研究，在行动研究中总结和提炼发展学生化学学科核心素养的有效途径、方法和策略，提升自身开展“素养为本”课堂教学的能力。

第二节 化学课堂教学方法

化学课堂教学方法是指教师和学生为了完成教学任务、实现教学目标而采用的共同活动方式，是教师指导学生掌握知识技能、获得身心发展而共同活动的方法，是教师的施教活动、学生的学习活动，以及教师和学生相互作用和构建人际关系的活动，它关系到教学目标能否实现、教学任务能否完成以及完成的程度、质量和效率。目前，两种对立的教学方法是注入式和启发式。注入式是指教师从主观出发，将学生看成单纯接受知识的容器，向学生灌注知识，无视学生的主观能动性，教师仅仅是一个现成信息的负载者和传递者，学生仅能起到记忆器的作用。启发式则是指教师从学生的实际出发，采取有效的形式去调动学生的学习积极性，指导他们自己去学习的方法。启发式教学方法才是目前我们要求掌握的，特别是新的教学方法不断出现的“互联网 +”时代更是如此；在此基础上出现了两种典型的化学教学方法，即化学实验启发教学法和化学多媒体组合教学法。但在应用化学教学方法时一定要有针对性和多样化，在此基础上实现最优化的教学方法。

一、化学教学方法的分类

根据教学活动中学生的不同认知方式，将常用的教学方法分为五大类，即以语言传递为主的教学方法、以直观感知为主的教学方法、以实际训练为主的教学方法、以引导探究为主的教学方法和以情感陶冶为主的教学方法。

(一) 以语言传递为主的教学方法

这类教学方法最为广泛，主要包括讲授法、谈话法、讨论法和读书指导法等。

1. 讲授法

讲授法是指教师运用口头语言系统连贯地向学生传授知识、技能，发展学生智力的一种教学方法。讲授法可分为讲授、讲述、讲解和讲演四种。优点是：可充分发挥教师的主导作用，在短时间内获得大量系统的科学知识，并能结合知识传授进行思想品德教育。讲授法要求：内容要有科学性、系统性和思想性，要认真组织、系统完整、层次分明、重点突出、语言精练。讲述可用于讲述化学史，陈述组成、结构、性质、变化等；讲解用于分析化学事实、解释和论证比较复杂的内容等；讲演用于对某个专题系统介绍等，比较适合高年级学生。

2. 谈话法

谈话法是指教师和学生相互交谈，以引导学生根据已有的知识经验，通过独立思考去获取新知识的一种教学方法。优点是：能照顾到每个学生的特点，充分激发学生的思维活动，有利于发展学生的语言表达能力，并使教师通过谈话直接了解学生的学习程度，检查自己的教学效果，从而提出一些补救措施来弥补学生知识的缺陷，开拓学生的思维，使学生保持注意和兴趣。教师要做好计划，对谈话中心、内容和问题做充分准备，问题要明确、具体，善于诱导，结束前要进行小结。

3. 讨论法

讨论法是指全班或小组成员在教师的指导下，围绕一个中心问题发表自己的看法和见解，相互学习的一种方法。学生要具备一定的基础知识、理解能力和独立思考能力。优点是：通过对所学的内容展开讨论，学生之间可以集思广益、相互启发、加深理解、提高认识，激发学习热情，培养对问题的钻研精神，锻炼语言表达能力。教师主要是：提出有吸引力的问题，明确具体要求，指导学生收集资料，引导学生围绕中心、结合实际自由发表，让每个学生有发言机会，结束前要小结并提出进一步思考的内容。

4. 读书指导法

读书指导法是指教师指导学生通过阅读教材和参考书，以获得和巩固知识，培养学生自学能力的一种方法。指导阅读教材时要学生预习，为上课打好基础，培养学生良好的阅读习惯。参考书阅读有精读和泛读两种。读书指导法对培养学生的阅读能力、教会学生学习、发挥学生的自学能力有独特的价值。教师要明确目标、要求，给出思考题，教会学生使用工具，帮助学生学会阅读方法，并用多种方法指导学生阅读。

(二) 以直观感知为主的教学方法

这种教学方法具有形象性、具体性、直接性和真实性的特点，主要有演示法和参观法两种。

1. 演示法

演示法是指教师通过展示实物、教具和示范实验来说明和验证某一事物和现象，使学生掌握新知识的一种教学方法。主要有：实物、标本、模型、图片的演示，图表、示意图、地图等演示，电影、录像等演示。演示法体现了直观性和理论联系实际的教学原则。演示法要操作规范，引导学生集中注意力，发展学生的观察能力并通过分析、归纳、综合得出结论。

2. 参观法

参观法又叫现场教学法，是教师根据教学目的和要求，组织学生进行实地考察和研究，使学生获得新知识，巩固、验证旧知识的一种教学方法。优点是：能够使教学和实际生活生产联系起来，激发学生对知识的渴望和兴趣，扩大学生的视野，使学生直接接触社会，并从中受到教育和启发，同时培养观察事物的能力和习惯。参观前要根据教学目的和要求做好充分准备；参观时引导学生收集资料；做好记录，参观后组织学生总结。

（三）以实际训练为主的教学方法

以实际训练为主的教学方法是指以形成技能技巧、培养行为习惯和发展学生能力为主的教学方法。《化学教师综合技能训练》教材就是典型的实际训练法。此法的特点是：学生通过实践活动达到动脑、动口、动手，提高学生分析问题和解决问题的能力，并养成良好的行为习惯。实际训练法主要有练习法、实验法、实习法、实践活动法四种。

1. 练习法

练习法是指学生在教师的指导下巩固知识、培养各种技能技巧的基本教学方法，包括说话练习、解答问题练习、绘画和制图练习、作文和创作练习、运动与文娱技能技巧练习等。优点是可以有效发展学生的各种技能技巧，对培养学生的意志品质有重要作用。此法主要是：明确练习的目的要求，方式要多样，注意学生基础知识的积累和基本技能的提高，进行及时的检查和反馈评价，培养学生自我检查的习惯。

2. 实验法

实验法是指教师引导学生使用一定的仪器和设备，进行独立操作，引起某些事物和现象产生变化，从而使学生获得直接经验，培养学生技能技巧的教学方法。它常用于自然科学的学科教学，如本教材的化学实验教学训练和科技活动训练部分。优点是：可以将理论与实践相结合，有利于激发学生的求知欲，培养学生独立使用仪器进行科学实验的基本技能、严谨的科学态度和扎实的作风。此法要求：认真编写实验计划，加强实验指导，做好实验报告批改和实验总结工作。

3. 实习法

实习法是指教师根据学科课程标准的要求，指导学生运用所学知识在课内和课外进行实践操作，将知识运用于实践的教学方法，如数学测量实习、化学教育实习等。优点是有利于理论与实践相结合，对培养学生运用书本知识从事实际工作的能力有重要现实意义。此法要求在教师指导下有目的、有计划、有组织地进行；教师要加强指导，实习结束后要指导学生写出实习报告并进行成绩评定。

4. 实践活动法

实践活动法是指让学生参加社会实践活动，培养学生解决实际问题的能力和多方面实践能力的教学方法。此法要严格以学生为中心，教师只是学生的参谋和顾问；教师要保证学生的主动参与，不能越俎代庖。

（四）以引导探究为主的教学方法

以引导探究为主的教学方法是指教师组织和引导学生通过独立的探究和研究活动而获得知识的方法。此法称为发现法，又名探索或探究法、研究法。学生在教师指导下，对所提出的课题和提供的材料进行分析、综合、抽象和概括，自行发现并掌握相应的原理和结论。此法的特点是：关注学习过程甚于关注学习结果，要求学生主动参与到知识的形成过程中。优点是能够使学生的独立性、探索能力、活动能力和创新能力在探索中得到高度发挥。教师要明确探究发现的课题和过程，严密组织教学，创造有利于学生发现课题的良好情境。

（五）以情感陶冶为主的教学方法

以情感陶冶为主的教学方法是指教师根据一定的教学要求，有计划地使学生处于一种类似真实活动的情境之中，利用其中的教学因素综合地对学生施加影响的一种教学方法。此法的优点是：改变了传统教学只重视认知、忽视情感的弊端，对培养学生的学习动机、丰富生活体验、发展学生创造能力、培养学生高尚道德和审美情感都有重要作用。缺点是应用范围有限，更多是作为辅助性教学方法使用。这种教学方法分欣赏教学法（对自然、人生和艺术等的欣赏）和情境教学法（创设一定的情境，引起学生情感体验，如生活展现、图画再现、实物演示、音乐渲染、言语描述等情境）。但化学新课标要求，今后在课堂教学中应该尽量从生活、生产和社会等方面去创设一定的情境进行教学。

二、化学教学方法应用注意事项

化学教学方法多种多样，但选择时必须要有针对性和多样化，要采用最优化原则，注意情境性与启发性。可以根据学习动机的激发方法（创设新奇情境、成功情境，说明学习意义，提出期望要求，利用有效评价，等等）来选择合适的教学方法。在教学活动的组织和实施过程中要注意个别教学、分组教学、团体教学的使用与把握。在组织方式上要分清课堂教学、实验教学、电化教学等不同的组织形式，还要按照学生接受—复现、复现—探索、自主探索的认知活动方式进行选择。在教学活动中，内部活动方式主要有分析、抽象、综合、概括、判断、推理、比较、归类、论证等。而外部活动方式则有陈述、谈话、讨论、阅读、展示、演示、参观、实验、练习、实习以及其他活动等。在选择教学方法时一定要注意将内部活动和外部活动结合起来进行。

在使用教学方法时还必须进行教学活动的检查、反馈和调控。教学活动的检查方法主要有测验（如口试、笔试等）、观察（练习、作业、表情等）、调查（如谈话、问卷、自陈等）三种方式。反馈方式主要有评定成绩、做出评论两种。调控方式主要有教师控制、教材控制、机器控制、学生自控。过去的教学方法仅仅是教学活动的组织与实施；如今是多层次、多维度和多类型的复杂体系，必须合理地选择和优化教学方法。

三、化学教学方法的选择、组合和优化

教学方法要根据教学目的和任务的要求、课程性质和特点而定，要根据每节课的重点和难点、学生年龄特征、教学时间设备和条件、教师业务水平与实际经验和个性特点而定，还受到教学手段、教学环境等因素的制约。这就要求教师要全面、具体、综合地考虑各种关系，进行权衡和取舍。选择化学教学方法时要看如下情况：该方法是不是有利于完成既定的教学任务、达到预定的教学目的；是不是适合于教学内容，符合学科的研究方法；是不是适应学生个体以及学生集体的发展水平和心理等方面的需要，学生是否具有必要的学习准备；是不是具有相应的教学条件，如实验设备；是不是符合化学教学规律和教学原则；是不是有利于落实教学指导思想、教学策略和教学思路；教学方法本身的教育价值；教师对教学方法的了解、使用教学方法的经验和能力及教学风格等个人品质和个性特征。

教学方法运用的综合性是指根据教学任务和教学内容的需要，综合运

用多种教学方法，而不要长期只使用一种教学方法。教学方法运用的灵活性是指在实际应用中，要从实际出发，随时对其进行调整，以达到最佳教学效果。教学方法运用的创造性是指从教学实践出发，在把握现有的基础上进行教学方法的创新，如现在的对分课堂、翻转课堂、微课、慕课、私播课等教学方法的运用。

四、国内外教学方法的改革

目前国内教学方法的改革主要有愉快教学法、情境教学法、案例教学法、尝试教学法、成功教学法等。国外有代表性的教学改革包括美国心理学家布鲁纳倡导的发现法、美国教育家布鲁姆的教育目标分类和掌握学习策略所形成的目标教学法、教育心理学家斯金纳的程序教学法、教育家沙塔洛夫的纲要信号图教学法，还有范例教学、暗示教学、非指导性教学法等。

(一) 纲要信号图教学法

该方法的步骤分别是：按教材内容详细讲解教学内容，出示纲要信号图式进行第二次讲解来突出重点、分析难点、指出各部分之间的逻辑关系并加以概括，把小型图示发给学生进行消化，要求学生课后按图示复习，在下一次课上让学生根据记忆在各自练习本上画出图示，让学生在课堂上按图示回答问题等 6 步。

(二) 暗示教学法

暗示教学法是由保加利亚医学和心理学博士洛扎诺夫创立的一种教学方法。此法与传统的教学方法相反，上课如同做游戏和表演。例如，外语教学中每课有 250 个单词、一些新语法、一个主题对话 (一种教学剧本，有生动的情境、有趣的情节、戏剧冲突等)。教材还配有一套专门的练习，教学活动包括介绍情况、给每名学生取一个新名字、假设一个新职业，学生据此进行各种游戏和表演活动。这种教学方法可使学生在 6~7 周内基本掌握一种新的语言。

(三) 非指导性教学法

非指导性教学法是学生通过自我反省活动及情感体验，在融洽的心理气氛中自由地表现自我、认识自我，最后达到改变自我、实现自我。传统的指导性教学以教师为中心，注重知识和技能，采取比较固定的步骤；非指导性教学则以学生为中心，不重视技术，只重视态度，主要是移情性理解，无条件尊重和真诚，重视个体的学生自己具有成长的可能，教师由指导者变成了促进者。非指导性教学法极大依赖个体成长，强调情感因素；教学尽可能直接进入学生情感世界，强调人际接触和人际关系在教学中的地位。

五、主动学习法

主动学习法作为一种强调口头表达、书面表达、参与式学习和“做中学”的创新教学法，几十年来已经在美国得到了广泛的应用，最近更是因为普渡大学主动学习中心的建成和麻省理工学院在其本科生物理导论课中全盘采用技术支持的主动学习而受到了全世界的瞩目。目前，国内教育不论是本科还是基础教育阶段，都越来越突出学生中心，注重激发学生的学习兴趣和潜能，创新形式、改革教法、强化实践。

那么，什么是主动学习？在教学中又该如何使用合适的策略来促进学生主动学习？

(一) 主动学习与被动学习

主动学习其实并不是一个新鲜概念。它是指学生以口头表达、书面表达和动手实践的方式，而非被动地阅读、听讲和观摩教师演示来进行学习的一种创新的教学方法；从英国学者瑞吉内德 · W. 瑞万提出至今，已经在全球不少学校，尤其是在大学中被广泛应用。和被动学习相比，主动学习在知识留存率方面占有显著的优势。研究显示：对于阅读的内容，人们只能记住10%；对于听讲的部分，只能记住 20%；观摩教师演示的部分，能记住 30%；如果边听讲边观摩演示的话，知识留存率能达到 50%。但所有这些都属于被动学习的方式，总体上来看，知识留存率都不理想。

而当人们使用主动学习方式时，他们能记住所说或所写内容的 70%，以及动手实践过的内容的90%。对于学习来说，知识留存（或者说识记）仅仅是最初级的一个阶段。那么，在更高级的部分，被动学习和主动学习的表现分别又是怎样的呢？不妨来对照一下布鲁姆的学习能力金字塔。很显然，和主动学习相比，听讲、阅读和观摩演示等被动学习方式对知识的理解、应用、分析和创造都是收效甚微的。因为在这种学习方式中，学生没有经过深度思考，不会创造和使用诸多联想或记忆的线索来将学习提升到高阶思维阶段。但在主动学习中，不管是角色扮演、辩论、研讨，还是写作、动手实践，学生都更有可能领悟到人类千百年来知识探索的精髓和奥秘所在，更有可能对知识产生情感联系和“知其然，更知其所以然”的透彻理解，从而有助于他们在新的情境下或真实生活中对习得的知识进行迁移、整合和创造性应用。通过综合知识留存率和布鲁姆学习能力金字塔，我们可以得出一幅现实版的学习效果留存率图：当进行接受式学习时，比如听音频、视频讲座、阅读，或听讲，学习效果的留存率还不到20%；当进行参与式学习时，比如玩耍、练习、讨论或演示，学习效果的留存率可以达到20%~75%；而当学生在“做中学”时，比如和教师共同参与一项任务，知识讲授后得到即时的、针对性的训练，此时学习效果的留存率高达75%以上。这里要说明的是，接受式学习相当于我们通常所说的被动学习，而参与式学习和“做中学”则都属于主动学习的范畴；但比起参与式学习，“做中学”是更高层次的主动学习。还有一点，此处提到的学习效果留存率不仅指识记事实性知识，还包括对知识的理解、应用、分析、评估和创造。

（二）主动学习课堂操作策略

主动学习在课堂实践中有哪些操作策略呢？

1. 课堂讨论策略

该策略被广泛应用于不同班额、不同学科、不同授课方式的班级中，最佳实施时机是复习环节。当学生们对某个单元或某门课程的内容有了一定的了解和掌握，更有可能产生高质量的、富有成果的、充满智慧的课堂讨论。此外，实施课堂讨论时，教师的指导角色不可或缺，因为这是一项难度较高的学习任务，要求参与者能对所学内容进行批判性思考，能对同伴观点进行富有逻辑思辨力的评点、总结、回应和反驳，因此需要教师对之进行预先辅导和随堂点拨。以“正义论”公开课而闻名的哈佛大学教授迈克尔·桑德尔就是一个很好的例子。在整整19堂、每堂课45分钟的公开课上，迈克尔几乎没有超过5分钟的知识讲授；在绝大多数时间里，都是学生之间或师生之间在进行机智的交锋和辩论，迈克尔进行及时的总结、点评和反馈。在上课过程中，迈克尔的角色不像教师，而更像一名主持人。

2. 思考—配对—分享策略

该策略要求学生先花几分钟时间，对上堂课的内容做个小结，随后和一个或两个同伴讨论自己的小结，最后在全班同学面前分享。这项任务对学生的要求很高，他们必须对学科内容具备一定深度的背景知识，才有可能对课堂内容做出精辟且恰当的小结。另外，他还必须拥有把自己的观点和同伴的观点进行对照和联系的能力，以充分吸纳同伴们在配对环节贡献的智慧，从而在分享环节提供有成果的洞见。当然，在这样高难度的任务中，教师作为点拨者对于复杂概念的廓清和关键原则的重申也是至关重要的，否则，思考—配对—分享就有可能变成一场无意义的教学。

3. 学生二人组策略

这是一种学生成对进行提问、回答、讨论的学习策略。在预备环节，学生们必须先通读相同的材料，并写下自己的问题。随后，教师对学生进行随机配对，比如学生A和学生B。学生A先提问，B回答，然后他们就此问题展开讨论；B再接着提问，A回答，然后又是讨论。这一轮结束后，教师又随机抽取一对，比如学生C和学生D。同样，C先提一个问题(和A、B不同)，D回答，再讨论；随后D提问，C回答……如此循环往复。在此过程中，教师来回巡视，及时给予反馈和答疑。

4. 一分钟论文策略

这是一种学生对所学内容进行总结、教师给予及时反馈的教学方式。虽然被称为“一分钟论文”，要求学生在极短时间里对给定内容做出简明、精确的总结，并以书面形式正确、流畅地表达出来并非易事，然而一般来说，学生都需要花10分钟左右做准备和练习。

5. 即时教学策略

这是一种课堂“预热”策略。在课程开始前，教师预先给学生们布置几个问题和共同的阅读材料，一方面引导他们进行预习和阅读，另一方面促使他们对本门课的目标进行反思；随后，将这几个问题在课堂上进行充分讨论。实施得当的即时教学，能对学生起到导读和导学的作用，并使他们对自己的学习更有目标感和掌控感。耶鲁大学哲学院院长、哲学和认知科学教授塔玛尔·甘德勒就在每堂课开始前布置指导练习，以问题的形式引导学生进行深入的、有的放矢的课前阅读，为有效课堂奠定了基础。

6. 同伴互教策略

该策略要求某名学生就某个专题或某节课本内容展开深入研究，准备相关材料，并对全班同学进行讲授。通过这样的训练，作为“小老师”的学生会对所教内容理解得更加深入、掌握得更加精细；对其他学生而言，由同伴来教，可能沟通交流和传授效果会比教师更好。

7. 工作室漫步策略

在运用该策略时，教室被布置成一个工作室，工作室再划分成若干个讨论组，学生们可以在不同的讨论组之间“跳来窜去”，贡献自己的意见和智慧。该策略形式灵活，最终学生对于某个话题的见解必须以 PPT 演示的形式向全班同学呈现。

第三节　化学课堂教学技能

课堂教学（上课）是教师把精心设计好的教学设计（教案和学案）在课堂上实施，以取得预想的教学效果。在课上必须要充分发挥教师的主导作用，调动学生的主体积极性；在上课过程中要注意信息的及时反馈和调控，要严格控制教学时间，提高课堂教学效率。在教学过程中要培养学生的宏观辨识与微观探析、变化观念与平衡思想、证据推理与模型认知、实验探究与创新意识、科学精神与社会责任五大化学核心素养。

一、教学语言技能

教学语言是教学信息的载体，是上课的必备条件。教学语言的基本要求是遵守语言的逻辑规律，化学语言应该准确、鲜明、生动、合乎语法、用词恰当等。教学语言还要适应教育教学要求，声音清晰、洪亮、流利，发音标准，声音抑扬顿挫，语速适当，语调要有节奏和变化，等等。教学语言必须符合化学学科特点、正确应用化学术语、确切表达化学概念、符合化学语言规范等。化学教师应该努力使自己的教学语言达到出口成章，每节课的教学语言记录下来就是一篇精彩的讲稿或文章。

教师用教学语言讲授时，应该做到内容完整、层次分明，富有逻辑性，既注意全面和系统，又抓住重点、难点和关键。在讲授时必须语言准确、精练、生动，学生能听清、听懂，有感染力，能引起和保持学生的注意力。在讲授时还应注重启发性引导、分析、阐述和论证，注重激发学生积极思维，使师生活动协调、同步。在讲授的同时，能恰当运用板书、板画及表情、手势等手段来配合，注意收集讲授效果的反馈信息，能及时做出适当的调整。

二、指导学习活动技能

学生的化学学习活动主要有：课堂上的听课、记笔记、观察、思考、实验、探究、讨论、自学、练习，以及课后的复习、作业、预习、阅读、收集资料、实践活动等。教师在教学中要不断地组织实施这些课内和课外学习活动，提高组织和指导学生进行学习活动的技能。

(一) 指导听课技能

听课和记笔记是学生在课堂上最重要的学习活动。在课堂教学中，教师要在上课前做好学习定向工作，使学生大概了解学习目标、方法和步骤，要重视做好每节课的小结工作，使知识结构化和系统化，帮助学生完成模型认知和知识建构。在讲课时，重点和难点内容要有必要地重复讲授，并利用停顿和提高语调、控制较慢的语速和配合板书，让学生能听清和看清；并配合使用积极的情感表达与丰富的副语言技能，充分调动学生的学习积极性，发挥学生的主体性，使学生自动自觉地想听课和要做笔记。在课堂上教师还要指导学生：合理分配注意力，善于用耳、眼、脑、手相互配合和协调使用，在老师上课停顿时抓紧记笔记，先将不理解的问题记下来，等课后再认真思考或请教老师与同学；记笔记时还要学会选择内容，主要记老师讲课的思路、内容提纲、疑难问题、教材中没有的重要补充内容和学习指导等，并要学会用简明扼要的文字、图表和符号做笔记，以便于节省时间。教师还可以组织班级优秀笔记展示和交流等活动，逐步提高对课堂笔记的要求、提高听课和记笔记的效率。

(二) 指导讨论技能

讨论是在教师的组织和指导下，相互质疑和论辩、启发和补充、共同得到问题答案的一种集体学习活动。它要求学生具有一定的知识基础、思考能力和讨论习惯，也要求教师有较强的组织与管理能力和丰富的教学经验。教师组织和指导学生讨论的难点是控制讨论方向和时间，提高讨论效率和学生的积极性。首先，教师要围绕教学目标精心设计讨论题，使其具有较好的思考性、论辩性，难度适中，最好配合化学实验、情境导入、课堂练习和作业等活动方式。其次，教师要让学生理解讨论题及意义，给学生足够的思考时间，可以采取提前公布讨论题、引导学生复习有关知识、阅读教材和参考资料、收集资料和准备必要的发言稿等方法。再次，教师要鼓励、要求学生在认真思考、准备的基础上各抒己见，积极大胆地发言，勇于坚持正确的意见、修改和放弃错误的意见，还要让学生在讨论中紧扣主题、相互切磋和学习。最后，教师要及时帮助学生排除疑难、障碍和干扰，尽量让学生自己分辨是非、纠正错误，得出正确的结论，但是不轻易表态和包办，更不能放任自流、袖手旁观，要注意掌握时机，积极引导，培养学生自己组织讨论的能力等。

(三) 指导练习技能

练习是以巩固知识、形成技能和发展能力为目标的实践训练活动，是教学过程中的重要环节。通过练习可促进学生将学到的知识与实际相联系，学生学习效果进一步得到深化和提高，也是教师获得反馈信息的重要途径，但练习一定要防止陷入题海中，要力求精练和取得高效率。

首先是针对学生发展的需要，精心选择、编制练习题，要有明确的练习目的，内容要在全面的基础上突出重点和难点，练习题还要有典型性、思考性、开放性和趣味性。化学练习要尽量联系生活和生产实践，难度和题量都要适当，要减少重复练习，保护和发展学生的学习兴趣。其次是引导学生复习有关知识，进行审题与解题指导，讲清要求与格式；对复杂的练习，按分步练习—完整连贯—熟练操作顺序分阶段组织练习。练习前教师要指导学生复习相关知识，进行审题和解题指导，讲清要求和格式，并进行例题示范，特别要讲清解题思路，注意一题多解和举一反三。再次是教师通过巡视检查及时收集教学反馈信息，实行分类指导，对完成较好的同学可以增加要求更高的补充练习；对出现错误和完成有困难的学生则进行指导和课后辅导；对普遍感到困难的题目则要补充讲解，如果有时间还可以让学生上黑板演示练习过程，并组织全班同学观摩和评价。最后教师及时对学生的方法、过程和结果进行讲评，组织学生互评、自评。教师要做好练习总结，在学生有了实践体会的基础上，总结出审题、解题或操作的一些规律，加深并提高学生对相关知识的理解，并布置一些课后作业（家庭作业）让学生进一步练习，提高解题技巧。

（四）指导自学技能

化学课程的自学主要包括阅读、实验、思考、解决问题、课前预习、复习和表达等，而狭义的自学则专指学生独立阅读教科书。教师在组织和指导学生自学时，首先要引导学生认识学习是自学的首要任务，充分认识这对于适应学习型社会、提高自身发展潜力的重要意义。其次是通过教师自身的示范，学生逐步学会收集、选择学习材料，自己确定学习任务、重点等。再次是让学生知道自学阅读不仅要动眼，还要动笔，摘录要点，及时记下心得、体会，整理和编写知识小结，做好阅读笔记。还要让学生注意多动手练习来深化理解、学会应用和掌握知识，学会善于动脑，注意新旧知识的对比联系；发现问题后，通过独立思考或与同学讨论解决，注意进行概括和总结，抓住重点和精髓。最后学生要逐步掌握学习各类内容的规律，教师注意组织好自学成果的交流、讨论和示范活动。例如：对理论性知识要注意产生有关概念、原理和定义的事实依据，学会通过抽象、概括和推理，自己得出结论，了解有关知识的应用及其范围，并能具体举例；对元素化合物知识，要多联系实验现象，弄清物质的结构、性质、用途与制法之间的联系与规律，并形成概念图。

(五) 指导合作技能

合作学习是以小组为单位，通过学生或学生群体间的合作性互动来促进学习，达到整体学习成绩最佳的学习组织形式。合作学习把个人之间的竞争转化为小组之间的竞争，力求通过组内合作，使学生尽其所能，达到最大程度的发展。教师在组织合作学习时，首先要明确个人责任，培养团体精神，鼓励每个成员发挥最大潜力，在独立思考的基础上，在平等民主的氛围中人人参与、各抒己见。重视小组成员间相互支持、鼓励和帮助，使每个成员达到预期目标。其次是合理组建学习小组，促进学生共同参与，精心设计合作学习内容，发挥小组各成员的作用。再次是把握合作学习时机，提高每个成员的参与欲望。由于合作学习方式不能每节课都采用，也不是整节课都使用，所以教师要把握恰当的时机组织小组合作学习，让学生带着迫切的愿望投入合作学习中。最后是进行适时、合理的评价，调动参与者的学习积极性。在合作学习过程中，如果学生每一个有价值的问题、精彩的发言或成功的实验操作都能得到组内其他成员的赞许，则会使学生体验到合作学习的快乐，可有效激起他们继续合作的欲望。

(六) 指导探究技能

探究式教学是由学生自己寻找问题答案的教学活动方式，它以学生独立自主学习为前提，给学生提供观察、调查、假设、实验、表达、质疑及讨论问题的机会，让学生将自己所学的知识应用于解决实际问题中。探究式教学有利于开发学生的智力、发展学生的创造性思维、培养学生的自学能力，有利于学生学习和掌握学习方法、培养五大化学核心素养、为终身学习和工作打下坚实的基础。化学教师的作用就是调动学生的探究积极性，引导学生发现问题、提出问题、分析和解决问题，促使他们自己去获取知识，发展能力。教师在组织和指导探究教学时，首先要发掘蕴涵在教材中的探究因素，充分利用化学实验进行探究活动，不能只满足学生做实验；还应注意创设问题情境让学生自己设计实验，通过实验探究活动发展学生的发散思维和批评性思维，充分挖掘学生的创新意识与科学精神。其次是激发学生探究、思考的兴趣。教师要注意引导学生形成思考实验现象、发现问题、解决问题和探究原因的兴趣，引导学生质疑和创新，使学生主动进行探究活动。再次是教师要敢于放手，留给学生思考的空间。当学生在探究活动中遇到问题时，教师不能急于解释和给予帮助，要利用学生已有的知识去进一步引导，要留给学生思考的时间和空间，并注意启发学生去发现新问题，引导他们找出不同的方法和思路，鼓励学生自己设计实验方案，并亲自观察、尝试、探索、实践；还要允许学生出现错误，不能求全责备，使学生在自由、和谐的轻松氛围中去探究，充分展现自己的才华。最后是按照科学探究的过程规律，指导学生开展探究活动。要按科学探究的方法抓好情境创设、发现问题、明确问题、提出假设、收集资料、进行验证、形成结论和讨论交流等环节；并注意引导学生总结科学探究方法，重视科学精神和社会责任。

三、板书板画技能

板书是在课堂教学过程中教师利用黑板、白板、磁性板等，以精练的文字和化学符号传递信息的行为方式。板书是一种重要的课堂教学手段，是课堂教学的有机组成部分。板书设计是课时教学方案的重要组成部分，是教师的基本功之一。

板画主要指绘制常用化学实验仪器图及其装置图，是学生巩固和加深理解化学基础知识不可缺少的途径。板画要求按现行的中学化学课程标准执行。高中学生应初步学会描绘简单仪器及其装置图。通过板画，学生可以熟悉仪器的名称、性能、大小及连接方法，科学地掌握仪器装置的原理；同时板画可作为直观教具，提高教学效果，激发学生的学习积极性。板画训练时要由简到繁，分步画出。绘制时要求形象正确、比例适当、条理清晰、重点醒目，以表现实验装置的要求，达到贴切、美观的教学效果。

四、模型、图表和标本使用技能

化学模型是以化学实物为原型、经过加工模拟制作的仿制品，是对化学实物三维表现的构造示意。有些实物不易得到，或因体积需要缩小或放大，都可以制成模型。常见的化学模型有：化工生产的典型设备，如炼钢高炉模型等；化工生产流程，如接触法制硫酸简单流程模型等；物质结构模型，如电子云模型、有机物分子结构的球棍模型和比例模型等。图表是指化学教学中各种图和表。图是事物形象描述或理论关系的生动描述。常见的图表主要有：化学实验图，如实验仪器装置图、基本操作图等；化工生产图——主要是典型设备构造示意图和工艺流程图；物质结构图，如电子云图、原子结构示意图等；物质相互关系图，如元素化合物及其相互关系图等；各种曲线图，如溶解度曲线图等。标本是指经过挑选或加工，外观品质符合教学要求的化学实物。中学化学教学中常用的实物标本有矿物标本、重要化工产品标本、冶金产品标本、化学试剂标本和物质的晶体标本等。

这些模型、图表和标本在化学课堂教学中具有不可替代的作用，在宏观辨识与微观探析（如电子云图、原子结构示意图等）、变化观念与平衡思想（如物质相互关系图等）、证据推理与模型认知（如溶解度曲线图等）、实验探究与创新意识（如实验仪器装置图、工艺流程图等）、科学态度与社会责任（如炼钢高炉模型、各种化工和矿物标本等）五大化学核心素养的养成方面有重要作用。因此，教师在化学课堂教学中要充分利用学校的各种模型、图表和标本，在讲授相应知识模块时配合使用，真正发挥好这些辅助教学工具的作用，使课堂教学达到最佳效果。

五、作业和辅导技能

布置作业是课堂教学活动的组成部分，主要是告诉学生应进行哪些工作和完成这些工作的方法。作业的形式主要有阅读教科书和参考书、做练习题、进行调查、参观、绘制图表、实验（学生在家中可做一些简单的实验）等。布置作业时注意：作业的内容要围绕重点，解决难点；内容表达要明白，作业的范围要确定；措辞要科学；要启发学生思维，培养学生分析及解决问题的能力；要启发学习动机，使学生认识作业的重要性；要重视指导进行作业的方法。对特殊困难的学生，最好另外进行个别辅导。要注意适度，如果分量过重，学生不能完成，会降低学习兴趣；有些学生还会看成学习负担。批改作业可以采用全收全批与部分批改相结合、精批细改与典型批改相结合、集体批改与个别批改相结合等方法。辅导是一种辅助性的教学组织形式，以弥补课堂教学的不足，便于了解学生学习上的问题和意见，研究学生的认识规律，做到教学相长，是提高教学质量的重要措施。辅导应有目的地进行；辅导重点在于指导学习方法，提高学生的能力；辅导要启发学生的自觉性，使其乐意参加。辅导时教师要循循善诱、满腔热情。

六、提问技能

提问主要是教师通过预先设计的一系列相互联系的问题启发、引导学生经过思考做出正确回答，以师生对话方式围绕课题的重点与难点展开的讨论。提问和解答问题要注意避免机械的一问一答方式，注意双向交流，要做到问题提得好。提出的问题既要使学生能回答上，又不能太过于简单，不加思考就能回答出来。课堂问题主要分为导向性问题（探究性问题）、评价性问题和形成性问题，以及引导学生思考进行的反问、变换问题、有效追问等。提问时必须选择恰当的时机和对象以恰当的方式提问，以引起学生注意，真正达到启发思考、培养学生能力的目的。问题提出后，教师还要鼓励学生大胆发言，并善于倾听学生的发言，依学生回答问题的情况，进行有效追问。教师必须要训练和提高教师的提问艺术，不能用“是不是”或“对不对”等简单判断的方式进行提问，一定要进行灵活、有效的深化、转问、反问、回问等高级提问技术的学习和训练；也不能只满足于少量学生烘托课堂氛围的回答问题。对于沉默和边缘的学生，教师要给予关注和适当的提问，并根据学生掌握的问题情况，采取强化和相应补救措施，提高课堂实效。

七、情感表达与副语言技能

教师的情感技能是提高课堂教学效率的有效手段。研究表明，在52种教师特征中，有38种与情感有关。在教师的情感技能中最重要的是使学生得到对教师态度倾向的感受和体会，教师的热情、信心、亲近、鼓励等都可以增强学生搞好学习的信心和驱动力。用于传递情感的副语言主要有各种面部表情、眼神、微笑、声调、头和手的动作，如点头、摇头、挥手、拍肩膀等。教学副语言以口头语言为基础、配合口头语言活动进行；没有形成独立的语言系统，不能叫语言，但在课堂教学中有重要作用。教师一定要多学习和训练正确的情感表达与副语言技能。

第四章　化学实验课程体系构建与案例分析

第一节　基础化学实验的基本知识

一、基础化学实验的目的和学习方法

（一）基础化学实验的目的

现在，化学已由单纯的以实验为基础的学科发展到理论与实验并重的学科，然而对化学及相关学科的探索仍然离不开基本的化学实验技术。通过基础化学实验实践，可以使学生熟悉化学实验的一般知识，掌握化学实验的基本操作技能，培养学生独立实验的能力；使学生掌握一些重要化合物的性质、制备、分离提纯和物理常数测定的方法，加深其对典型反应和化合物性质的理解；使学生具备正确观察实验现象、合理处理实验数据、准确描绘仪器装置简图、撰写实验报告、查阅化学手册以及设计演示实验的初步能力；同时，使学生养成实事求是的科学态度和良好的实验习惯，培养他们独立分析问题和解决问题的能力。①

（二）基础化学实验的学习方法

实验不是照方抓药，通过实验可以锻炼学生的动手能力和创新思维能力。因此，必须掌握实验课程的学习方法。

1.认真预习

在做实验前，应预习化学理论和实验教材中的有关知识，明确实验目的（去干什么），弄清实验原理，熟悉实验步骤（怎么做），找出注意事项和成功关键，写出预习报告。不然实验时会无所适从，弄错步骤、现

---

① 朱卫华．化学实验教学的改革探究 [J]. 内蒙古师范大学学报：教育科学版，2015（12)：159−160.

象，延长实验时间，影响实验效果。

2.规范操作

实验时要遵循实验教材，听从教师讲解和指导，规范操作。否则，易引起危险、损坏仪器或影响自己实验技能的提高。

3.注意安全

实验时必须穿实验服，严格遵守安全守则，弄清电、火、毒气、烧伤、烫伤等事故的防备和救护。不能擅自更改实验步骤、药品用量，也不能随意混合药品。如遇意外事故，应立即报告实验老师。

4.仔细观察

每一个实验都有其他独特的现象，值得我们仔细去探究和考证。

5.如实记录

如出现异常现象，应分析原因或重做实验，得出正确结论，努力提高分析、推理和联想能力。不能抄他人的实验数据或现象。

6.积极思考

学会运用所学知识解释实验现象、分析实验结果，弄清实验成功与否的原因。

7.善于质疑

对一些实验结果与预期不相符合的地方，要在运用所学知识进行解释的同时，善于提出疑问。任何知识都是在不断地怀疑与探索中前进与发展的。在学习中，学生要养成勤于提问、善于发现问题的习惯。

二、基础化学实验室安全知识

进行化学实验时，常会使用水、电、煤气和各种药品、仪器。而许多化学药品是易燃、易爆、有腐蚀性或有毒的，故在实验过程中要集中注意力，避免事故发生。为了确保操作者、仪器设备及实验室的安全，每个进入实验室进行实验的学生，都应遵守有关规章制度，并对一般的安全常识有所了解。

（一）实验室的安全守则

实验开始前应检查仪器是否完整无损，装置是否正确，在征得指导教师同意之后，才可进行实验。

实验进行时，不得离开岗位，要注意反应进行的情况和装置有无漏气和破裂等现象。

当进行有可能发生危险的实验时，要根据实验情况采取必要的安全措施，如戴防护眼镜、面罩或橡皮手套等。

使用易燃、易爆药品时，应远离火源。实验试剂不得入口。严禁在实验室内吸烟或吃食物。实验结束后要细心洗手。

熟悉安全用具，如灭火器材、沙箱以及急救药箱的放置地点和使用方法，并妥善爱护。安全用具和急救药品不准移作他用。

（二）实验室事故的预防

1.火灾的预防

实验室中使用的有机溶剂大多数是易燃的，着火是有机实验室常见的事故之一。为了防止着火，实验室应注意以下几点。

第一，不能用敞口容器加热和放置易燃、易挥发的化学药品。应根据实验要求和物质的性质，选择正确的加热方法。例如对沸点低于80℃的液体，在蒸馏时，应采用水浴，不能直接加热。

第二，尽量防止或减少易燃物气体的外逸。处理和使用易燃物时，应远离火源，注意室内通风，及时将气体排出。

第三，易燃、易挥发的废物，不得倒入废液缸和垃圾桶中。量大时，应专门回收处理；量小时，可倒入水池用水冲走，但与水发生剧烈反应者除外，金属钠残渣要用乙醇销毁。

第四，用油浴加热蒸馏或回流时，必须十分注意避免由于冷凝用水溅入热油浴中致使油外溅到热源上而引起火灾的危险。通常发生危险的原因主要是橡皮管套进冷凝管时不紧密，开动水阀过快，水流过猛把橡皮管冲出来，或者由于橡皮管未套紧而漏水。所以，要求橡皮管套入冷凝管侧管时要紧密，开动水阀时也要求小心操作，使水流慢慢通入冷凝管内。

第五，不得把燃着或者带有火星的火柴梗或纸条等乱抛乱扔，也不得丢入废物缸中。否则，会发生危险。

2.爆炸的预防

在基础化学实验中，一般预防爆炸的措施如下。

一是蒸馏装置必须正确，不能造成密闭体系，应使装置与大气相连通；减压蒸馏时，不能用三角烧瓶、平底烧瓶、锥形瓶、薄壁试管等不耐压容器作为接收瓶或反应瓶，否则易发生爆炸，而应选用圆底烧瓶作为接收瓶或反应瓶。无论是常压蒸馏还是减压蒸馏，均不能将液体蒸干，以免局部过热或产生过氧化物而发生爆炸。

二是切勿使易燃易爆的气体接近火源，有机溶剂如醚类和汽油一类物质的蒸汽与空气相混时极为危险，可能会由一个热的表面或者一个火花、电花而引起爆炸。

三是使用乙醚等醚类时，必须检查有无过氧化物存在，如果发现有过氧化物存在时，应立即用硫酸亚铁除去过氧化物，才能使用。同时使用乙醚时应在通风较好的地方或在通风橱内进行。

四是对于易爆炸的固体，如重金属乙炔化物、金属苦味酸盐、三硝基甲苯等都不能重压或撞击，以免引起爆炸，对于这些危险的残渣必须小心销毁。例如，重金属乙炔化物可用浓盐酸或浓硝酸使它分解，重氮化合物可加水煮沸使它分解等。

五是卤代烷勿与金属钠接触，因反应剧烈易发生爆炸。

3.中毒的预防

大多数化学药品都具有一定的毒性。中毒主要是通过呼吸道和皮肤接触有毒物品而对人体造成危害。因此，预防中毒应做到以下四条。

一是称量药品时应使用工具，不得直接用手接触，尤其是有毒药品。做完实验后，应洗手后再吃东西，任何药品不能用嘴尝。

二是剧毒药品应妥善保管，不许乱放，实验中所用的剧毒物质应有专人负责收发，并向使用有毒物质者提出必须遵守的操作规程。实验后的有毒残渣必须做妥善而有效的处理，不准乱丢。

三是有些剧毒物质会渗入皮肤，因此，接触这些物质时必须戴橡胶手套，操作后应立即洗手，切勿让有毒物质沾到五官或伤口。例如，氰化钠沾到伤口后就会随血液循环至全身，严重的会造成中毒死伤事故。

四是在反应过程中可能生成有毒或有腐蚀性气体的实验应在通风橱内

进行，使用后的器皿应及时清洗。在使用通风橱时，实验开始后不要把头部伸入橱内。

4.触电的预防

使用电器时，应防止人体与电器导电部分直接接触，不能用湿手或用手握湿的物体接触电插头。为了防止触电，装置和设备的金属外壳等都应连接地线，实验后应切断电源，再将连接电源的插头拔下。

（三）事故的处理和急救

1.火灾

实验室一旦发生失火，室内全体人员应积极有秩序地参加灭火。一般采用如下措施：一方面防止火势扩展。立即关闭煤气灯，熄灭其他火源，断开室内总电闸，搬开易燃物质；另一方面立即灭火。有机化学实验室灭火，常采用使燃着的物质隔绝空气的办法，通常不能用水，否则会引起更大火灾。在失火初期，不能用口吹，必须使用灭火器、沙、灭火毯等。若火势小，可用数层湿布把着火的仪器包裹起来，如在小器皿内着火（如烧杯或烧瓶内），可盖上石棉板或瓷片等，使之隔绝空气从而达到灭火的目的。

如果油类着火，要用沙或灭火器灭火，也可撒上干燥的固体碳酸氢钠粉末。

如果电器着火，首先应切断电源，然后再用二氧化碳灭火器或四氯化碳灭火器灭火（注意：四氯化碳蒸汽有毒，在空气不流通的地方使用有危险），这些灭火剂不导电，不会发生触电事故。但绝不能同时使用水和泡沫灭火器灭火，因为水能导电，会使人触电甚至死亡。

如果衣服着火，切勿奔跑，而应立即在地上打滚，邻近人员可用灭火毯之类的东西盖在其身上，使之隔绝空气而灭火。

总之，当失火时，应根据起火的原因和火场周围的情况，采取不同的方法灭火。无论使用哪一种灭火器材，都应从火的四周开始向中心扑灭，把灭火器的喷出口对准火焰的底部。在抢救过程中切勿犹豫。

2.玻璃割伤

玻璃割伤是实验室中常见的事故，受伤后要仔细观察伤口有没有玻璃碎粒，如有，应先把伤口处的玻璃碎粒取出。若伤势不重，先进行简单的急救处理，如涂上碘酒，再用纱布包扎；若伤口严重、流血不止时，可在伤口上部约10cm处用纱布扎紧，减慢流血，压迫止血，并随即到医院就诊。

3.灼伤

皮肤接触到腐蚀性物质后可能被灼伤，为避免灼伤，在接触这些物质时，最好戴橡胶手套和防护眼镜。发生灼伤时应按下列要求处理。

（1）酸灼伤

皮肤：立即用大量水冲洗，然后用5%碳酸氢钠溶液洗涤后，涂上烫伤膏，并将伤口包扎好。

眼睛：抹去溅在眼睛外面的酸，立即用水冲洗，用洗眼杯或将橡皮管套上水龙头用慢水对准眼睛冲洗后，即到医院就诊，或者再用稀碳酸氢钠溶液洗涤，最后滴入少许蓖麻油。

衣服：依次用水、稀氨水和水冲洗。

地板：撒上石灰粉，再用水冲洗。

（2）碱灼伤

皮肤：先用水冲洗，然后用1%醋酸溶液或饱和硼酸溶液洗涤，再涂上烫伤膏，并包扎好。

眼睛：抹去滴在眼睛外面的碱，用水冲洗，再用饱和硼酸溶液洗涤后，滴入蓖麻油。

衣服：先用水洗，然后用10%醋酸溶液洗涤，再用氨水中和多余的醋酸，最后用水冲洗。

（3）溴灼伤

如溴溅到皮肤上，应立即用水冲洗，再用酒精擦洗或用2%的硫代硫酸钠溶液洗至烧伤处呈白色，然后涂上甘油或鱼肝油软膏加以按摩，敷上烫伤油膏，将伤处包扎好如眼睛受到溴的蒸汽刺激，暂时不能睁开时，可对着盛有酒精的瓶口尽力注视片刻。

上述各种急救法，仅为暂时减轻疼痛的措施。若伤势较重，在急救之后，应速送医院诊治。

4.烫伤

烫伤后切勿用冷水冲洗。如伤处皮肤未破，可用饱和$NaHCO_3$溶液或稀氨水冲洗，再涂上烫伤膏或凡士林。如伤处皮肤已破，可涂些紫药水。

5.中毒

溅入口中而尚未咽下有毒物质应立即吐出来，用大量水冲洗口腔；如已吞下时，应根据毒物的性质服解毒剂，并立即送医院急救。

（1）腐蚀性毒物

对于强酸，先饮用大量的水，再服用氢氧化铝膏、鸡蛋白；对于强碱，也要先饮用大量的水，然后服用醋、酸果汁、鸡蛋白。不论酸或碱中毒都需灌注牛奶，不要吃呕吐剂。

（2）刺激性及神经性中毒

先服牛奶或鸡蛋白使之缓和，再服用硫酸铜溶液（约30g溶于一杯水中）催吐，同时也可以用手指伸入喉部催吐后，立即到医院就诊。

（3）吸入刺激性或有毒气体

吸入氯气、氯化氢气体时，可吸入少量酒精和乙醚的混合蒸汽解毒。吸入硫化氢或一氧化碳气体感到不适时，应立即到室外呼吸新鲜空气。吸入氯、溴气中毒时，不可进行人工呼吸，一氧化碳中毒不可施用兴奋剂。

6.触电

迅速切断电源，必要时进行人工呼吸。

（四）急救用具

消防器材：泡沫灭火器、四氯化碳灭火器（弹）、二氧化碳灭火器、沙、石棉布、灭火毯、棉胎和淋浴用的水龙头。

急救药箱：紫药水、碘酒、双氧水、饱和硼酸溶液、1%醋酸溶液、5%碳酸氢钠溶液、70%酒精、烫伤油膏、万花油、药用蓖麻油、硼酸膏或凡士林、磺胺药粉、洗眼杯、消毒棉花、纱布、胶布、绷带、剪刀、镊子、橡皮管等。

三、基础化学实验常用仪器和装置

化学实验室用于与液体或气体样品、试剂接触的仪器多为玻璃制品。

出于耐高温、防腐蚀、提高强度等各种要求，有时还用陶瓷、搪瓷、塑料、金属制品或木制品等。玻璃仪器一般是由软质或硬质玻璃制作而成的。软质玻璃耐温、耐腐蚀性较差，但是价格便宜，因此，一般用它制作的仪器均不耐温，如普通漏斗、量筒、吸滤瓶、干燥器等。硬质玻璃具有较好的耐温和耐腐蚀性，制成的仪器可在温度变化较大的情况下使用，如烧瓶、烧杯、冷凝管等。

玻璃仪器一般分为普通和标准磨口两种。在实验室常用的普通玻璃仪器有非磨口锥形瓶、烧杯、布氏漏斗、吸滤瓶、普通漏斗等。常用标准磨口仪器有磨口锥形瓶、圆底烧瓶、三颈瓶、蒸馏头、冷凝管、接收管等。

标准磨口玻璃仪器是具有标准磨口或磨塞的玻璃仪器。由于仪器口塞尺寸的标准化、系统化，磨砂密合，凡属于同类规格的接口，均可任意互换，各部件能组装成各种配套仪器。当不同类型规格的部件无法直接组装时，可使用转换接头使之连接起来。使用标准磨口玻璃仪器既可免去配塞子的麻烦，又能避免反应物或产物被塞子玷污的风险；口塞磨砂性能良好，仪器的密合性可达较高真空度，对蒸馏尤其减压蒸馏有利，对于毒物或挥发性液体的实验较为安全。

标准磨口玻璃仪器，均按国际通用的技术标准制造。当某个部件损坏时，可以选购。

标准磨口仪器的每个部件在其口、塞的上或下显著部位均具有烤印的白色标志，表明规格。常用的有10、12、14、16、19、24、29、34、40等。

有的标准磨口玻璃仪器有两个数字，如10/30，10表示磨口大端的直径为10mm，30表示磨口的高度为30mm。

学生使用的常量仪器一般是19号的磨口仪器，半微量实验中采用的是14号的磨口仪器。使用玻璃仪器时应注意以下几点：

第一，使用时，应轻拿轻放。

第二，不能用明火直接加热玻璃仪器（试管除外），加热时应垫以石棉网。

第三，不能用高温加热不耐热的玻璃仪器，如吸滤瓶、普通漏斗、量筒。

第四，玻璃仪器使用完后应及时清洗，特别是标准磨口仪器放置时间太久，容易黏结在一起，很难拆开。如果发生此情况，可用热水煮黏结处或用电吹风吹母口处，使其膨胀而脱落，还可用木槌轻轻敲打黏结处。

第五，带旋塞或具塞的仪器清洗后，应在塞子和磨口的接触处夹放纸片，以防黏结。

第六，标准磨口仪器磨口处要干净，不得粘有固体物质。清洗时，应避免用去污粉擦洗磨口，否则，会使磨口连接不紧密，甚至会损坏磨口。

第七，安装仪器时，应做到横平竖直，磨口连接处不应受歪斜的应力，以免仪器破裂。

第八，一般使用时，磨口处不需要涂润滑剂，以免玷污反应物或产物。但是反应中使用强碱时，则要涂润滑剂，以免磨口连接处因碱腐蚀而黏结在一起，无法拆开。当减压蒸馏时，应在磨口连接处涂润滑剂，保证装置密封性好。

第九，使用水银温度计时，应注意不要用冷水冲洗热的温度计，以免炸裂，尤其是水银球部位，应冷却至室温后再冲洗。不能用温度计搅拌液体或固体物质，以免温度计损坏后，混入汞或其他有机液体而不好处理。

第二节　综合化学实验体系的构建

一、综合化学实验的重要性

不管是自然科学还是社会科学，实验是科学研究必不可少的研究手段之一。而化学作为一门自然科学更是离不开实验，实验在化学教学中的地位显得尤其重要。随着社会对人才培养要求的提高，我国传统的重视理论教学而忽视能力培养的教学模式显然与社会的要求是格格不入的，人才的综合素质靠加强综合训练来培养，这就要求我们开展一门以培养学生综合能力为目的的课程，于是便出现了综合化学实验。鉴于此，笔者认为在高校中开设综合化学实验具有很重要的意义。

（一）调动起学生学习的积极性和主动性

综合化学实验的内容与科学研究紧密结合。综合化学实验是本科生第一次接触科研类的实验，对实验充满了期待。由于综合化学实验课程本身的特点，教学方式、实验内容与基础化学实验大有不同，综合化学实验要求学生自己查阅资料，改变了学生以往被动学习的方式，极大地调动起学生的积极性和主动性。

（二）拓宽学生的知识面，开阔学生的视野

综合化学实验课程模式是物质制备—分离提纯—性质表征，物质的制备方法有很多，如无机合成、有机合成等，并且分离方法也很多，还有大型仪器的使用，都在一定程度上拓宽了学生的知识面，开拓了学生的视野。

（三）培养学生的创新意识

综合化学实验内容大部分是来自教师的研究课题，这些实验项目反映化学各研究方向的重大进展、前沿和交叉领域，具有创新性和前瞻性。学生经过基础实验的严格训练后，再根据自己的兴趣有选择性地进行综合化学实验项目，一个实验项目相当于一个小型的科研课题，学生自己查阅资料、与团体合作进行实验、实验总结，培养了学生的创新意识、合作意识，并得到了全面的提高。

二、综合化学实验体系构建的基础

面对知识经济的挑战，对高等教育人才培养提出了更高的要求。因此，高等学校必须把培养创新人才作为教学改革的目标和任务。为达到这个目标，首要的问题是要更新在计划经济时代所形成的教育观念，才有可能按培养创新人才的要求对原有的教学内容和课程进行改革。首先，要把化学实验从单纯的验证知识、传授技能和操作转向知识技能、能力、素质融为一体的观念，特别是创造性实践能力的培养。其次，在实验教学中，把以教师为中心，以统一的模式培养学生，转向以教师为主导，学生为主

体，以激发学生的学习积极性、进取性和创造性，鼓励学生个性发展的实验教学模式。因此，必须以更新的教育观念为指导，从优化学生知识、能力、素质的高度，从培养学生创新能力的角度，对综合化学实验课程体系和实验内容进行设计。

20世纪80年代末，复旦大学化学系在本科高年级增设了综合性的无机化学实验，进行了综合性实验课程的试验。这门课程反映了无机化学的现代发展，实验内容具有综合性，学生独立操作实验，实验装置具有通用性，实验教学过程的可思考性使学生能综合运用已学过的无机、分析、有机、物化、结构等基础知识，以及各门基础实验的基本技能与操作。①这对学生创造能力的培养起着十分积极的作用。基于无机化学实验课程改革的多年实践，为我们开设综合化学实验课程积累了经验，并提供了借鉴。这不仅体现在内容选择上，而且也体现在教学思想和教学方法上，尤其是在该门课实践总结的基础上，提出的“磨合期”教学的观点，为我们设计综合化学实验课程体系及内容，实施实验教学方法的改革起着十分重要的作用。

三、综合化学实验体系构建的策略

在理论课教学上，要及时更新教学体系。在教材方面，笔者综合采纳了国内外最新的化学教科书中的理论体系，并针对本院实际情况进行了调整。在实验教学方面，可以通过以下几种方式进行。

（一）制定综合性方案

在实验方案方面，教研室经过集中商讨，制定了一套综合性实验方案。该方案将原有的分散的小实验进行整合，形成综合性实验，综合地概括了化学的知识体系。

在实验设备方面，教研室可以针对实验教学设备相对落后的情况，积极向学院申请经费，如报批一批新型的先进实验教学设备，能够与高水平实验室的科研工作接轨，满足了综合性实验的设备需求。

① 唐仕明，于剑峰．高校化学实验室创新教育平台的构建[J]. 实验科学与技术，2012(4)：179-181.

在实验技术方面，教研室教师深入高水平科研实验室，对综合性实验中涉及的实验环节进行实际操作，熟练掌握最新的实验技术，并针对实验过程中出现的纰漏进行优化，不断完善实验方案。

（二）鼓励学生不断创新

课程的创新研究性实验每年都进行调整更新，学生在完成正常的实验项目之后，对有兴趣进行实验研究的学生，课程组鼓励他们将生活中遇到的实际问题，在得到教师认可后大胆进行实验研究，实验室每天都对学生开放。教师在指导学生开放实验时坚持“到位不越位、参谋不代谋”的指导原则，科学地锻炼学生的综合能力。

（三）建立开放的教学模式

将学生参与的已解题的部分创新实验充实到综合化学实验项目中，并在实验的背景资料中充分说明，以达到鼓励学生更多地参与教师科研课题的目的，争取新的大学生创新项目，争取更多的实验经费。教师也可以根据学生在实验课中的表现，挑选部分同学参与自己的在研课题组，让学生在课题研究过程中接受比较系统的科研训练，锻炼提高科研能力；同时还可以融洽师生关系，培养学生的合作精神，达到教学相长的效果。

（四）落实实验体系改革

为了将综合性实验体系的改革落到实处，保证体系的完善和正常运转，我们制定了具体的实施计划。

1.成立教研小组

高度重视本项工作，成立化学综合性实验体系教研小组。由教研组水平较高的团队推进，这样可以确保学术水平和创新思维先进，有能力将国内外先进的实验改革理念和现代实验技术融入高水平的实验教学之中。

2.改进教学大纲

通过教研小组集中讨论，改进教学大纲，改革教学内容。新教学大纲注重实验内容更新，强调试验的综合性、系统性和完整性，着重加强学生观察、分析和解决问题等科研创新能力的锻炼。

3.更新实验内容

通过教研小组多方面查阅文献，组织策划建立化学综合性实验体系，将原有的分散的多个小实验通过整合、优化形成三个综合性实验，并进行实验前期准备及预试工作，保证能够形成完整的实验体系，并按时在新学期的实验课中开展。

4.实施实验教学

教研小组应在实验课前做好实验准备工作，保证实验能够顺利启动。根据班级的实验开展情况，进行经验总结，针对实验中出现的纰漏，及时采取有效措施进行补正，以达到实验的最终优化。实验过程中对综合性实验进行细致讲解，将实验与理论课联系起来，使学生达到对知识的系统性理解。

5.评估教学效果

为了保证实验改革的顺利进行，在实验教学中对学生实验技能和解决问题的能力进行综合评定。实验报告一方面考查学生的实验开展情况和实验结果，另一方面侧重于学生对实验的理解和感受，从而达到提高学生综合能力的目的。

第三节　实验设计案例分析

笔者开展实验设计和创新研究，一是为人教版必修教材部分内容设计了实验，如氢氧化铝为一元酸的定量实验设计、体现氧化还原反应本质的实验设计，及二氧化硫漂白性探究实验设计，一方面为教材增添了定量实验内容和探究实验内容，另一方面可以利用熟悉的原理和实验操作帮助学生理解抽象的概念、原理，帮助学生理解化学知识，降低学生学习的难度。二是对人教版必修教材部分实验进行改进和创新，目的是为学生提供清晰、易辨的实验现象，引导学生认识到可以对教材实验进行简单改进就可以优化实验现象，培养学生严谨的科学态度和创新精神，让学生品尝到实验改进和创新的乐趣，激发学生学习化学、探究化学奥秘的浓厚兴趣。

一、氢氧化铝为一元酸的定量实验设计

（一）提出问题

氢氧化铝为三元碱，学生从书写形式上就能很容易感知，但为一元弱酸，学生就会觉得很困惑，受其书写形式的束缚，学生很难建立起对这一性质的认同，但是这一性质是学生必须掌握的知识点且要能够灵活应用，在高考中地位也非常突出。例如，往氯化铝溶液中逐滴加入氢氧化钠，请你描述实验现象并写出反应过程中的离子方程式，画出生成沉淀的物质的量与所加氢氧化钠的物质的量的曲线关系图。这种题就必须要应用这个知识点，当前阶段对于氢氧化铝的性质的考查题中还算较容易的。但对于一些基础能力中等的学生来说，掌握和应用这一知识点解题是存在一定困难的，对于基础较差的学生来说就更难了。教师为了让学生掌握这一知识点，在教学过程中通常采用灌输的方式传授给学生，然后通过学生的死记硬背和各种题目的强化训练，让学生加以掌握。其过程无论是对于学生还是教师来说都是艰辛的，而且一些学生一段时间不用的话，就又会忘记。除非让学生受到非常强烈的感官刺激，实验就是一种最好的刺激方式。目前有关氢氧化铝的实验主要是以下三个方面：

一是氢氧化铝的制备实验。在两个试管里各加入硫酸铝溶液，然后分别滴加氢氧化钠溶液和氨水，直至产生大量的沉淀为止。再将氢氧化钠溶液加至过量，氨水也加至过量，观察现象。这个实验的设计目的是让学生清楚地知道制备氢氧化铝对碱的要求。

二是氢氧化铝的两性实验。用上述方法制取出来的沉淀放入两支试管里，分别注入稀盐酸和强碱溶液进行振荡，观察现象。实验的目的是让学生直观地认识氢氧化铝的两性。此时，多数教师会用氢氧化铝的酸式、碱式电离来进行进一步的解释并要求学生记住其酸式和碱式电离的方程式。但学生并不能从实验中感知其为一元弱酸，只是迫于教师的权威而生硬地记忆，导致学生应用时经常出错，甚至有部分学生并不信服这一结论。

三是用铝、稀硫酸和氢氧化钠溶液为原料，设计制备一定量的氢氧化铝的方法，其中哪一种方法更为节约试剂。在教学过程中此实验均以探究

实验的形式出现。试想一下，学生如果根本没有记住或者接受氢氧化铝是一元酸这个结论，此实验学生就不会清楚其原理，甚至连先用铝和氢氧化钠反应制得偏铝酸钠，再向其中加适量稀硫酸可以制得氢氧化铝这种方法都不会想到，就更不用奢望学生能设计出节约试剂的实验方法了。

另外，在化学中有一种常见题就是往一定量的偏铝酸钠中逐滴加入稀盐酸，以氯化氢的物质的量为横坐标，以氢氧化铝的物质的量为纵坐标，画出其坐标图。这种题在习题中算是中等偏易的题，同样需要学生清楚地知道强氧化铝为一元酸。

从当前有关氢氧化铝的实验来看，还没有关于氢氧化铝为一元弱酸的定量实验的设计，而其结论在化学教学中又非常重要，这就对教师的教学效果大打折扣，也不能给学生的认知提供充分的实验事实。因此，如果能通过实验直观地向学生展示其为一元酸，那么学生一定会留下深刻的印象并信服这一结论，应用起来也就会得心应手，不会被它的书写形式所束缚。

（二）实验设计

1.实验原理

氢氧化铝具有酸性，能与强碱反应，用已知浓度的氢氧化钠溶液滴定一定量的氢氧化铝（用已知体积和浓度的氯化铝溶液与氨水反应制备），能观察到白色沉淀逐渐消失的实验现象。当加入最后一滴氢氧化钠溶液振荡锥形瓶时，白色沉淀完全溶解。用碱式滴定管可测出消耗已知浓度氢氧化钠的体积，因此可计算出一定量的氢氧化铝消耗氢氧化钠的量，进而可以推出1摩尔氢氧化铝完全电离能产生的氢离子的物质的量，得出氢氧化铝是一元酸的结论。

2.实验目的

①熟悉滴定管的使用方法。

②掌握滴定的基本操作。

③通过定量测定实验，加深对氢氧化铝为一元酸这一性质的认识。

④通过探究实验、合作实验提高学生分析问题、解决问题的能力和科学探究能力，培养学生团队精神和互相协作的能力。

（三）实验步骤

第一，从滴定管夹上取下酸式滴定管，用水洗净后，再用0.1mol/L的氯化铝溶液润洗2~3次，每次用氯化铝溶液3~5ml。把0.1mol/L的氯化铝溶液注入酸式滴定管，使液面位于滴定管刻度“0”以上2～3cm处，再把酸式滴定管固定在滴定管夹上。在滴定管下放一个烧杯，调节活塞使滴定管尖嘴部分充满氯化铝溶液，使滴定管内部没有气泡，并使液面处于“0”或“0”以下某一刻度处。然后放出20.00ml氯化铝溶液于锥形瓶中。

第二，用胶头滴管往锥形瓶中逐滴加入浓氨水，直到沉淀不再增加为止。

第三，用水洗净碱式滴定管，再用0.1mol/L的氢氧化钠溶液润洗2～3次，每次用氢氧化钠溶液3～5ml。把0.1mol/L的氢氧化钠溶液注入碱式滴定管，使液面位于滴定管刻度“0”以上2～3cm处，再把碱式滴定管固定在滴定管夹上。轻轻挤压玻璃球，使滴定管尖嘴部分充满溶液，使滴定管内部没有气泡，并使液面处于“0”或“0”以下某一刻度处，记下准确度数，并填入表中。

第四，把锥形瓶放在碱式滴定管的下面，小心滴入0.1mol/L的氢氧化钠溶液，边滴边摇动锥形瓶，直到加入一滴氢氧化钠后沉淀恰好完全溶解，记下滴定管液面的刻度。

第五，重复上述实验3次，并把滴定前后液面刻度的读数分别填入表内。

第六，取三次测定数值的平均值，计算1mol氢氧化铝中氢离子的物质的量，得到结论。

（四）实验总结

1.优点

一是实验操作简便，实验用品少，实验用时少，该实验仅用几分钟即可完成。

二是实验现象明显，可视性强，氢氧化铝沉淀的生成和溶解现象都非常明显。

三是实验具有很强的实用性，实验中所用仪器和药品是学生熟悉的，实验的原理是学生能够理解掌握的，可以让学生在自己亲身参与的过程中获得对氢氧化铝为一元酸的最直观的感受。

四是用常见的仪器和药品，简单的实验原理帮助学生理解基本概念。

五是在实验中培养了学生的学科综合能力和实验应用能力。

2.缺点

不可避免地会造成少量氨气从滴管口逸散出来，从而造成环境污染，损害师生身体健康。

二、体现氧化还原反应本质的实验设计

（一）提出问题

学生一迈进化学课堂，学习的就是氧化还原反应原理。这部分内容对于学生来说深奥难懂，原因是氧化还原反应的本质——电子转移是看不见摸不着的微观领域的概念，而高一新生并没有这种抽象思维能力。因此，上述这些概念对于学生来说错综复杂，根本搞不清它们之间的联系，在使用时只能眉毛胡子一把抓。而氧化还原反应贯穿整个化学的始终，如果氧化还原反应的原理不清楚、不会应用，学习化学就会相当艰难。物质之间的相互转化只能靠死记硬背，不能从原理上独立分析出来。而高考对于氧化还原反应是要求达到灵活应用的程度，一些陌生的反应要求考生能运用原理分析出产物。[①]所以，在教学中教师就会将这一原理总结为两句话“升失氧，降得还”，要求学生牢记，并告诉学生“化学是理科中的文科，就是要多记多背”。即便是这样，很多学生还是会对概念混淆不清，更有甚者，一些学生怕考试时将这一组概念搞混淆，一进考场就将这组概念写在草稿纸上。可见这组概念令我们的教师和学生费尽心机。可到目前为止，教师和学生除想各种办法更好地来记住这组概念外，很难想到用实验的方法来形象地展示这组抽象的概念。因此，让这种电子转移通过实验形象地体现出来，则能够帮助学生直观、深刻理解氧化还原反应的本质，整个化

① 刘文兴．高中化学实验设计与探究题的解题技巧研究［J］．课堂内外（高中教研），2022（1）：76.

学学习会上一个台阶。

经过初三一年的化学学习，学生已掌握铁生锈为氧化还原反应这一结论，因此如能在学生熟悉的知识上进行迁移和深度开发，一定能激发学生强烈的兴趣和求知欲。教师可以利用原电池原理将铁生锈这一氧化还原反应中的电子转移通过灯泡发光这一现象来形象地体现出来，学生一看灯泡亮了，就马上清楚了氧化还原反应中有电子转移这一抽象的本质。在原电池实验中笔者用铁做负极，碳棒做正极，将灯泡换成电流计时又能形象地向学生展示出原电池的正（碳棒）负（铁）极。学生根据物理学知识不难发现电子由铁流出经导线流入碳棒。至此，可以顺理成章地引导学生得出铁失去电子发生氧化反应的结论，氧气得到电子发生还原反应的结论。又因铁缓慢氧化产生的电流太弱，教师在实验中利用氯化钠做电解质溶液，再往溶液中通氧气，这样加大了单位时间内的电流强度，灯泡发光现象明显，光亮的铁片表面有红棕色的铁锈生成。这样的实验设计将微观的粒子运动、抽象的概念形象地表现了出来。

（二）实验设计

1.实验原理

铁、石墨、氯化钠溶液、氧气构成原电池，铁发生吸氧腐蚀为氧化还原反应，通过灯泡发光这一实验现象推知线路中有电子通过，得知氧化还原反应的本质是电子转移。将灯泡改用电流计指示正负极，可以得知电子的流向，进而推知得失电子的物质（即氧化剂、还原剂）。

2.实验目的

第一，理解氧化还原反应的本质。

第二，培养学生的观察实验的能力、实验思维能力、实验设计能力。

（三）实验步骤

第一，装置图安装好仪器。

第二，在烧杯中加入0.1mol/L的氯化钠溶液约30mL，将用导线连接好的铁棒、灯泡和石墨棒插入0.1mol/L的氯化钠溶液中。

第三，在试管中加入约2g的二氧化锰，从分液漏斗中加入1mol/L的过氧化氢溶液，并用导气管将产生的氧气通入烧杯中石墨棒的一端。

第四，观察实验现象。

第五，将灯泡换成电流计，观察电流指针偏转的方向。

（四）实验评价

该实验利用学生熟悉的知识迁移，学生容易接受；仪器药品易得、操作简单、耗时少、适合课堂演示；现象明显；将抽象的原理形象化，填补了教材实验的空白。

三、二氧化硫漂白性探究实验设计

（一）提出问题

教材的实验步骤描述，是先将二氧化硫气体与水反应，再在反应后的溶液中加入品红，品红褪色了，教材得出的结论是二氧化硫具有漂白性。二氧化硫溶于水所得溶液中含有的粒子有：SO_2、H_2SO_3、H_2O、HSO_3^-、H^+以及极少量OH^-。因此，学生会质疑教材所得的结论，为什么是二氧化硫具有漂白性而不是其他粒子具有漂白性。因为其他粒子都是二氧化硫与水作用后产生的，所以，“二氧化硫具有漂白性”设计探究实验，用来探究二氧化硫在无水条件下是否能漂白品红。

（二）实验设计

1.实验原理

制备的二氧化硫用浓硫酸干燥，品红用酒精溶解，整个实验保证了无水环境。如果干燥的二氧化硫能使品红的酒精溶液褪色，则说明二氧化硫分子有漂白性；如果干燥的二氧化硫不能使品红的酒精溶液褪色，则说明二氧化硫分子无漂白性，教材结论不准确。

2.实验目的

第一，探究二氧化硫在无水环境是否具有漂白性。

第二，鼓励学生质疑。

第三，培养学生严谨的科学态度。[①]

第四，培养学生的探究能力。

（三）实验步骤

第一，装置图安装好仪器。

第二，在圆底烧瓶中加入亚硫酸钠，然后分别在洗气瓶中加入98%的浓硫酸、品红的酒精溶液，在分液漏斗中加入65%的硫酸。

第三，打开分液漏斗活塞，缓慢加入65%的硫酸。

第四，观察实验现象。

（四）实验评价

通过对此实验的改进，不仅可以激发学生的思维，还能培养学生严谨的科学态度和敢于挑战权威的无畏的科学精神。学生学习了弱电解质的电离平衡后，还可以继续设计实验探究使品红的水溶液褪色的微粒到底是HSO_3、SO_3还是H_2SO_3。

四、双色喷泉实验设计

喷泉实验是学生非常感兴趣的一个实验，同时喷泉现象的形成条件也是高考探究性实验题所关注的一个热点内容。可以以教材氨气的喷泉实验为载体，从实验装置上进行改进和创新，产生两种不同颜色的喷泉，从而使整个实验更具有观赏性、趣味性，更大限度地激发学生的兴趣，让学生体验到实验改进和创新带来的乐趣。

（一）实验原理

喷泉实验的基本原理就是烧瓶内的气体能迅速地溶解在胶头滴管挤出的少量溶液中，使烧瓶内的压强迅速下降，大气压将烧瓶下面烧杯中的液体压入烧瓶内，在导管尖嘴口形成漂亮的喷泉。

在传统的喷泉实验教学中，一般是利用氨气、蒸馏水和酚酞三种试剂的组合或者盐酸、蒸馏水和石蕊组合，虽然也能很好地、直观地向学生展

① 黄莎莎，丁伟．二氧化硫“漂白性”实验的探究［J］．化学教学，2013(1)：29.

示关于喷泉实验的操作及原理，但主要的不足之处是喷泉颜色单一。传统的喷泉实验产生的颜色均为红色，对于大多数学生来说，在课前预习时就已经知道了喷泉实验的操作方法、过程以及实验现象，因此，即使教师在课堂上成功地完成了演示实验形成了漂亮的喷泉，也无法给学生带来意外的惊喜。而如果教师所做的实验产生的现象与教材及学生预期的结果不一样，那么就会激起学生强烈的兴趣和探究欲望。如果能够设计成双喷泉，不仅能增强观赏性，还能够让学生收获惊喜，一举两得。此外，用来进行喷泉实验的胶头滴管和导气管要同时插入一个双孔活塞，然后塞进烧瓶口。而双孔活塞打孔时经常容易将活塞钻破，打孔难度大。

针对以上两个缺陷，教师可以将氨气的喷泉实验做如下两点改进：

第一，用氨气、蒸馏水和酚酞或石蕊或各种金属离子组合来完成喷泉实验。一是因为氨气极易溶于水，且溶液显碱性，能分别与酚酞形成红色喷泉与石蕊形成蓝色喷泉；二是因为氨水的碱性，使其能够和多种金属阳离子发生反应产生各种不同颜色的沉淀，不仅使实验现象更具观赏性，在实验中也进一步地丰富了氨气的化学

第二，用三颈瓶代替圆底烧瓶，用注射器代替胶头滴管。三颈瓶的三个口分别连结导管插入不同溶液中便于同时形成不同颜色的喷泉。用注射器代替胶头滴管不仅方便挤出吸收液，同时也可避免胶头滴管有时因为漏气而无法挤出吸收液的情况，保证实验顺利完成。

（二）实验设计

1.仪器

100mL三颈瓶1个（干燥），单孔橡皮塞3个，弹簧夹2个，烧杯2个，注射器1支，玻璃管导管若干，橡胶管若干。

2.药品

氯化铵+氧化钙（制备氨气），酚酞试剂、石蕊试剂、三氯化铁溶液、硫酸铜溶液。

3.具体步骤

①加热装有氯化铵和氧化钙固体的大试管，采用向下排空气法收集满一瓶三颈瓶的氨气。②在三颈瓶的左右两口分别插入一个带有玻璃导管的

单孔橡胶塞，并在橡胶管上夹上弹簧夹，分别伸进烧杯的溶液中（A：酚酞试剂，B：石蕊试剂）③用注射器吸取约1mL的蒸馏水并将其插入三颈瓶中间的橡皮塞，推动注射器，将蒸馏水推入三颈瓶中。④同时打开两个弹簧夹，观察实验现象。⑤换另外一个干燥的三颈瓶，重复上述操作步骤，将A、B溶液换成氯化铁溶液和硫酸铜溶液，可观察红蓝相见的喷泉。

4.注意事项

第一，装置的气密性一定要非常好，这是实验成功的关键，橡皮塞、导气管的连接处均不能漏气。

第二，收集氨气用的三颈瓶一定要干燥，所以，在进行完第一组实验后，需更换三颈瓶，或者将三颈瓶烘干。

第三，因为是双色喷泉，产生的压强差要引发两支导管产生喷泉，所以，要尽量将三颈瓶放低，使喷泉更容易产生。

五、乙酸乙酯水解反应实验设计

（一）教材实验分析

学校里常用乙酸乙酯的水解作为酯类水解的演示实验。按照现行教材所述，采用闻气味的方法来区分乙酸乙酯在不同介质中的水解程度，经过多次实验说明效果不佳。主要存在如下不足：①加热温度偏高（70 ~ 80℃），乙酸乙酯的沸点为 77.1℃，并且试管无胶塞，会使乙酸乙酯以及水解生成的产物挥发，造成一定的误差；②教室后边的同学看不清实验现象；③用闻气法来区别水解的程度不恰当（有的同学闻不出来）不仅分辨率低也不具说服力，而且也不能使全班同学获得明显的体验；④ 6 滴乙酸乙酯相对于 5.5mL 蒸馏水而言用量太小，因为有资料表明，15℃时乙酸乙酯的溶解度为 8.5g/100g 水，而乙酸乙酯的密度为 901g/ml。据此可以推知，6 滴乙酸乙酯完全可能溶解在 5.5ml 蒸馏水中。另外，也因为乙酸乙酯只用 6 滴，反应中其减少的可见度很小，实验只能根据气味变化来判断乙酸乙酯的水解程度，显然让人难以相信。

在此提出问题，进行进一步的探究和改进，增加乙酸乙酯的量，并使乙酸乙酯层显示出颜色，通过颜色变化来判断乙酸乙酯在不同环境下的水解程度。碘的乙酸乙酯溶液与水互不相溶，水浴加热前，分层，上层均呈棕黄色；水浴加热后，氢氧化钠溶液上层的棕黄色溶液迅速减少，稀硫酸溶液上层的棕黄色溶液缓慢减少，而氯化钠溶液上层的棕黄色溶液几乎不变。变原来的嗅觉判断为视觉判断，提高实验的可视性和实验现象的可信度。

（二）实验设计

1.实验原理

酯的水解反应实际上是酯化反应的逆反应，在加热的条件，用无机酸或碱做催化剂水解反应的程度不同。

2.实验目的

让学生掌握酯类水解的条件和产物。

（三）实验仪器和药品

3支试管，烧杯，酒精灯，铁架台（附铁圈、铁夹），石棉网，温度计1支。乙酸乙酯，饱和食盐水，稀硫酸（1：5），30%的氢氧化钠溶液，碘。

（四）实验步骤

取3支试管，分别标为A、B、C，各加入1mL溶有碘单质的乙酸乙酯（溶液显深棕黄色）；然后向A试管中加6mL饱和食盐水、B试管中加6mL稀硫酸（1：5）、C试管中加6mL30%的氢氧化钠溶液，试管中液体分层，上层都显深棕黄色。

把上述3支试管都放入60~70℃的水浴里加热，观察现象。在A试管里，蒸馏水上层的乙酸乙酯基本上没有变化；在C试管里，碱液上层的乙酸乙酯很快消失；而B试管里，酸液上层的乙酸乙酯缓慢消失。

（五）实验结论

酯在酸或碱存在条件下能跟水发生水解反应，其中在有碱存在时比有酸存在时水解程度大。

（六）实验总结

第一，在本实验中，将乙酸乙酯中溶有碘单质，可使水层与油层（乙酸乙酯层）之间的界面更清晰，通过观察比较水解的深棕黄色酯层体积的大小；而判断水解情况，便于清楚地观察酯的水解情况，效果较好。这样，把原来的靠嗅觉来区分改为靠视觉来区别，现象非常明显。

第二，以饱和食盐水代替蒸馏水，可以减小乙酸乙酯在水中的溶解度。

第三，增加乙酸乙酯的用量，便于从乙酸乙酯体积的明显减小判断其水解程度，从而增强实验结果的说服力。

第四，采用60～70℃水浴加热，不仅能增加乙酸乙酯与水的接触时间，而且避免了乙酸乙酯受热达到其沸点而挥发的可能。

第五，通过与第一支试管的比照，不仅能说明无机酸和碱促进乙酸乙酯水解的情况，而且还能说明在没有催化剂存在的条件下乙酸乙酯也能发生微弱的水解。

六、氢氧化亚铁制备实验设计

氢氧化亚铁的制备实验，按照人教版必修1教材第三章第二节几种重要的金属化合物的描述：氢氧化亚铁沉淀的颜色应该是白色的，然后迅速变成灰绿色，最后变成红褐色的氢氧化铁沉淀。原理是：氢氧化亚铁在空气中极易被氧化。

但是在实际的操作过程中，即便将溶解氢氧化亚铁的水先加热煮沸除去其中的氧气，将吸有氢氧化钠溶液的长导气管插入试管底部再挤出氢氧化钠溶液，还是很难完全隔绝空气进行实验，而使得氢氧化亚铁和空气中的氧气和水蒸气迅速结合，从而无法观察到白色的氢氧化亚铁沉淀，这使得学生对氢氧化亚铁的颜色产生怀疑。有些学生一直以为氢氧化亚铁为浅绿色。因此，教师应对该实验进行改进，使学生能够清楚地观察到氢氧化亚铁呈现的白色。

对于制取氢氧化亚铁实验，笔者同样采取的是排除空气法的方法，但是实验装置比上面的实验要简单，而且现象也非常明显。

（一）实验原理

实验是利用氢气将试管内和溶液中的空气排干净，虽然实验效果很好，但是实验装置和操作步骤比较复杂。而笔者是利用氨气排除试管内的空气，因为氨气不仅可以将试管内的空气排干净，而且氨气本身就可以和硫酸亚铁溶液反应生成氢氧化亚铁，氨气发挥了双重作用，一举两得。此实验设计没有复杂的排除空气的实验操作，也没有刻意违反实验规定的操作（将胶头滴管插入溶液中）。

（二）实验仪器和药品

氧化钙固体、浓氨水、亚硫酸铁溶液、试管、分液漏斗、圆底烧瓶、注射器。

（三）操作步骤

第一，向一个洁净的圆底烧瓶中，加入适量的氧化钙固体；分液漏斗中装入适量的浓氨水。

第二，旋转分液漏斗的活塞，让浓氨水流入圆底烧瓶中和氧化钙固体反应，生成氨气，用一支干燥洁净的试管，采用向下排空气法收集氨气，并用湿润的红色石蕊试纸放在试管口，检验氨气是否收集满。

第三，将一支装有亚硫酸铁溶液的注射器事先插在一个橡皮塞上，然后将橡皮塞立刻插入装满氨气的试管口。

第四，推注射器的活塞，将亚硫酸铁溶液推入试管中，观察现象。

（四）实验现象

将硫酸亚铁溶液注入装满氨气的试管内后，发现试管中立即产生白色沉淀，且能较长时间保持白色。打开橡皮塞白色立刻变成灰绿色，随即变成红褐色。

（五）实验的优点

第一，实验装置简单：没有复杂的排空气装置，用反应物氨气排除空气，一举两得。

第二，装置能有效地隔绝空气：试管中收集的氨气是满的，硫酸亚铁溶液用注射器推入，使整个反应过程中没有空气进入，能有效隔绝空气，确保实验成功。

第三，实验操作简单：快速制备收集好氨气后，仅需将注射器中的硫酸亚铁溶液注入试管即可。

第四，实验现象明显：氢氧化亚铁的白色能较长时间保持，不会让学生产生误会。

（六）实验的改进方法

隔绝空气是该实验过程中要解决的关键问题，因此，在已有的实验改进资料中，对于此实验的改进几乎都是在考虑如何更好地隔绝空气或者是排尽试管中的空气，只是使用的方法各不相同。

1.隔绝空气法

在采用此方法的时候，一般是用苯或植物油来隔绝空气，在同一支试管内加入浓度较小的硫酸亚铁溶液和植物油，这两种液体在试管中分为两层，植物油在上隔绝空气。然后将氢氧化钠溶液用长的胶头滴管插入试管底部缓慢挤出，在下层溶液中有少量白色的氢氧化亚铁白色絮状沉淀生成。

该实验的操作步骤：

第一，称取约2g化学纯硫酸亚铁晶体放入烧杯中，用适量蒸馏水溶解，加几滴稀硫酸和少量的还原铁粉，静置使其充分反应。

第二，取一支干燥洁净的小试管，加入少量由第一个步骤所得不含三价铁离子的硫酸亚铁溶液，然后再加少量的植物油。

第三，用长的胶头滴管吸取氢氧化钠溶液，插入试管底部，然后缓慢挤出氢氧化钠溶液，观察现象。

该实验主要是利用了植物油的密度比硫酸亚铁溶液的密度小，且和硫酸亚铁溶液不发生反应，还互不相溶，因此可以隔绝外界的空气，能够观察到白色的氢氧化亚铁沉淀。

2.排出空气法

排出空气法也就是利用不影响整个实验的气体（如氢气、氮气等）将试管中原有的空气排尽，从而达到在不接触空气的实验环境下进行操作。其操作步骤如下：

第一，在小试管I中加入铁和稀硫酸，在试管II中加入氢氧化钠溶液。

第二，现打开止水夹，使试管I开始反应一段时间后，再将止水夹加紧。

第三，观察试管中现象。

该实验利用铁和稀硫酸反应产生的氢气先将试管II中的空气排干净，整个试管II处在无氧环境，夹紧止水夹后，试管I中的氢气无法逸出，使得试管I中的压强增大，将新生成的硫酸亚铁溶液压入试管II中，因此生成的氢氧化亚铁能较长时间保持白色。不难看出，此法实验装置和实验操作步骤都比较复杂。

第五章　化学实验实践探究方法与流程

第一节　化学实验方案设计与优化

在化学教学与科研中，化学实验是不可或缺的重要组成部分。化学实验方案的设计与优化不仅是培养学生实践能力、创新思维和科学素养的关键环节，还是科研工作者探索化学未知领域、获取准确可靠实验数据的重要前提。一个精心设计且经过优化的实验方案，能够确保实验顺利进行，提高实验效率，减少资源浪费，同时为实验结果的准确性和可靠性提供有力保障。

一、化学实验方案设计的基本原则

（一）科学性原则：实验的基石

科学性是实验方案设计的首要且核心原则。这一原则要求实验原理深度扎根于已有的科学理论与知识体系，实验方法和步骤必须严格契合化学科学的基本规律。

从原理层面来看，以酸碱中和反应实验为例，其基于酸和碱发生反应生成盐和水的化学原理。在具体操作中，准确测量酸碱溶液的浓度、体积，运用化学计量关系确定反应终点和产物的量。这不仅涉及对物质的量、摩尔浓度等概念的精准运用，还要求实验者深刻理解反应的本质和过程。

在实验方法和步骤上，每一个环节都要有科学依据。比如在进行化学物质的分离实验时，选择蒸馏法分离互溶但沸点不同的液体混合物，其依据是不同物质沸点的差异，在加热过程中，沸点低的物质先汽化，然后通过冷凝重新变为液体，从而实现分离。整个操作流程，从仪器的搭建顺序到加热温度的控制，都有严格的科学规范。

实验仪器的选择和使用也必须符合科学规范。以使用 pH 计测量溶液酸碱度为例，校准是确保测量准确性的关键步骤。校准过程依据 pH 计的工作原理，通过使用已知 pH 的标准缓冲溶液对仪器进行标定，消除仪器误差，使得测量结果能够真实反映溶液的酸碱度。在测量过程中，按照操作说明书将电极正确插入溶液，并保持适当的测量时间，以获取稳定且准确的数据。

科学性原则的重要性不言而喻，它是实验可靠性和准确性的根本保障。若实验原理错误或实验方法违背科学规律，那么整个实验就如同无本之木，得出的结果必然是错误的，无法为科学研究或教学提供有价值的参考。

(二) 可行性原则：实验的现实考量

可行性原则强调实验方案必须在现有的实验条件下切实可行。这涵盖了实验所需的仪器设备、试剂药品、实验场地以及实验人员的技术水平等多个关键方面。

在仪器设备方面，若实验室缺乏特定实验所需的关键设备，实验就难以开展。例如在有机合成实验中，若实验方案要求使用超低温反应条件（如 -100℃以下），但实验室没有相应的超低温制冷设备，那么该方案在当前条件下便无法实施。此时，需要探索替代方案，如改变反应路线，尝试在相对温和的条件下进行反应；或者寻找具有相似功能的替代试剂，以避免对特殊设备的依赖；或是通过优化反应条件，如添加合适的催化剂，提高反应速率和选择性，从而使实验能够在现有设备条件下顺利进行。

试剂药品的供应和质量也是影响可行性的重要因素，若实验需要使用极为稀缺或昂贵的试剂且无法找到合适的替代品，那么该实验方案在实际操作中就会面临困难，实验场地的空间大小、通风条件等也会对实验的可行性产生影响。例如，一些会产生大量有害气体的实验若在通风不良的狭小空间中进行，不仅会危害实验人员的健康，还可能引发安全事故。

实验人员的技术水平同样不可忽视，复杂的实验操作可能需要实验人员具备较高的专业技能和经验，若实验人员对某些关键操作不熟悉就可能导致实验结果不准确甚至实验失败，因此在设计实验方案时要充分考虑实验人员的实际技术能力，必要时提供相应的培训和指导。

（三）安全性原则：实验的首要保障

安全是实验的重中之重，在规划实验流程时，必须充分考量实验过程中可能存在的各种安全风险，并采取切实有效的防护措施。

对于涉及有毒有害试剂的实验，如氰化物、重金属盐等，必须在通风良好的通风橱中进行，以确保有害气体能够及时排出，避免实验人员吸入。同时，实验人员必须佩戴防护手套、护目镜等个人防护装备，防止皮肤接触和眼睛溅入试剂。例如在进行含有汞的化学实验时，由于汞具有挥发性且对人体神经系统有毒害作用，除了在通风橱中操作外，还应配备专门的汞收集装置，及时处理可能洒落的汞。

对于如乙醚、氢气等易燃易爆试剂，要严格远离火源和热源，在开展实验操作时要严格遵守相关安全操作规程，如在使用氢气进行实验时要先检查氢气的纯度，确保安全后再进行点燃或参与反应，防止因氢气不纯而引发爆炸事故。

制定完善的应急预案也是安全性原则的重要组成部分，应急预案应涵盖可能出现如火灾、中毒、爆炸等各种突发安全事件，并明确相应的应对措施和责任分工。定期组织实验人员进行安全演练，提高他们应对突发安全事件的能力，确保在紧急情况下能够迅速、有效地采取措施，保障人员生命安全和实验室财产安全①。

（四）简约性原则：实验的高效追求

在满足实验目的和要求的前提下，简约性原则倡导实验方案尽可能简洁明了、操作步骤简单易行、实验周期尽可能短。

从操作步骤来看，以物质的分离和提纯实验为例，若有多种分离方法可供选择，应优先考虑操作简单、分离效果好且耗时短的方法。重结晶法提纯固体有机物便是一个很好的例子，相比于多次复杂的萃取和柱色谱分离，重结晶法操作相对简单，只需将粗产品溶解在适当的溶剂中，通过加热、冷却等过程使晶体析出，即可达到较好的提纯效果，且成本较低。

---

① 刘雨风，杨冬芝．前沿科研成果融入医用分析化学实验教学：自由基清除性能评价的综合设计实验 [J]. 广东化工，2025(2)：165-168.

较短的实验周期不仅可以提高实验效率，还能减少因长时间实验可能引入的误差和干扰。例如在一些动力学实验中，过长的反应时间可能导致实验条件的不稳定性，如温度波动、试剂挥发等，从而影响实验结果的准确性。通过优化实验方案，缩短实验周期，可以有效降低这些因素的影响。

简约性原则还能降低实验成本。简化实验步骤和缩短实验周期可以减少试剂的消耗、仪器的使用时间以及人力成本。同时，简单的实验方案更容易被实验人员理解和操作，降低了因操作失误而导致实验失败的风险。

(五) 创新性原则：实验的发展动力

创新性是化学实验教学和科研的重要追求。在实验方案设计中，应鼓励学生和科研人员积极探索新的实验方法、技术和思路，以解决传统实验中存在的问题或开拓新的研究领域。

在材料化学领域，研究人员尝试采用新的合成方法，如微波辅助合成、电化学合成等，来制备具有特殊结构和性能的材料。微波辅助合成利用微波的快速加热和均匀加热特性，能够显著缩短反应时间，提高反应效率，同时还可能得到传统方法难以制备的材料结构。电化学合成则通过控制电极电位和电流密度，实现一些在常规条件下难以进行的化学反应，为材料的合成提供了新的途径。

创新性实验方案的设计需要对相关领域的研究现状有深入的了解，这要求实验者广泛阅读文献，掌握前沿研究动态。同时，还需要具备敏锐的观察力和创新思维，能够从不同的角度思考问题，敢于尝试新的方法和技术。在创新过程中，可能会面临失败和挫折，但正是通过不断的探索和改进，才能推动化学实验技术的进步和学科的发展。

二、化学实验方案设计的基本要素

(一) 实验目的：指引实验的灯塔

实验目的处于实验方案设计的核心地位，它是整个实验的出发点和归宿。一个明确、简洁且准确的实验目的，能够清晰阐述实验试图解决的问题或者期望达成的预期结果。例如“探究催化剂对某有机反应选择性的影响”，该目的精准聚焦于催化剂与有机反应选择性之间的关系，为后续实验方案的各个环节提供了清晰的方向指引。

实验目的的重要性不言而喻。它不仅决定了实验的大致方向，帮助实验者确定需要研究的变量和控制的条件，还是后续实验结果分析和讨论的重要依据。当进行实验操作与研究时，所有的操作、数据采集以及分析都围绕着实验目的展开。若实验目的不明确，整个实验就会陷入盲目状态，可能导致实验结果无法有效回答最初的研究问题，造成时间、资源的浪费。

在确定实验目的时需要充分考虑研究的价值和可行性，既要确保实验目的具有一定的科学意义，能够为化学领域的知识体系增添新的内容或者解决实际应用中的问题，又要结合现有的实验条件和自身能力，保证实验能够顺利实施。

（二）实验原理：实验的理论根基

实验原理是实验方案设计的理论基石，它详细阐述了实验所依据的化学原理、化学反应方程式以及相关的物理化学知识。透彻理解实验原理，是合理选择实验方法、试剂和仪器，精准把握实验条件的关键所在。

以“氧化还原滴定法测定物质含量”的实验方案设计为例，其核心原理是基于氧化还原反应中电子的转移，然而在执行此测定物质含量实验期间选择合适的氧化剂和还原剂至关重要，它们的氧化还原电位要与待测物质相匹配，以保证反应能够定量进行。确定滴定终点的指示方法也依赖于对氧化还原反应过程的理解，比如可以利用氧化还原指示剂在特定电位下颜色的变化来指示终点。同时，根据化学计量关系，通过滴定剂的用量和浓度，能够准确计算出待测物质的含量。

深入理解实验原理有助于实验者在实验过程中更好地解释实验现象，分析实验中出现的问题，当实验结果与预期不符时实验者可以依据实验原理去排查可能出现的误差来源，如是否存在副反应、反应条件是否控制得当等。另外，对实验原理的深刻把握还能启发实验者对实验方案进行优化和改进，探索更高效的实验方法。

(三) 实验仪器与试剂：实验的硬件支撑

1. 实验仪器

根据实验目的和原理选择合适的实验仪器是实验成功的重要保障。仪器的选择需要综合考虑多个因素。精度方面，在进行定量分析实验时，像分析天平的精度就直接影响到试剂和样品称量的准确性，进而影响整个实验结果的可靠性。量程也是关键因素，例如使用量筒量取液体时，要根据所需液体的体积选择合适量程的量筒，量程过大或过小都会引入较大的误差。仪器的适用范围也不容忽视，在进行光谱分析实验时，必须根据待测物质的吸收光谱范围选择相应的光谱仪，如紫外—可见分光光度计适用于分析具有紫外—可见吸收特性的物质，而红外光谱仪则用于分析分子的振动和转动能级。此外，仪器操作的便利性也会影响实验效率，一些智能化、自动化程度高的仪器能够减少人为操作误差，提高实验的准确性和重复性。

同时实验者要深入了解实验仪器的基本结构和操作方法，如在使用气相色谱仪时需要熟悉进样系统、分离系统、检测系统等各个部分的工作原理和操作要点，才能正确地设置仪器参数，保证实验的顺利进行。另外，在操作新仪器之前务必仔细阅读仪器的使用说明书并进行必要的培训和练习。

2. 实验试剂

实验试剂的选择同样至关重要，因为试剂的纯度直接关系到实验结果的准确性，对于一些对杂质敏感的实验，如痕量分析实验，必须使用高纯度的试剂，以避免杂质对实验结果的干扰。根据实验要求，常见的试剂纯度有分析纯、化学纯等，分析纯试剂的纯度较高，适用于大多数定量分析实验；化学纯试剂则适用于一般的化学实验。

试剂的浓度和用量需要根据实验原理和实验条件进行合理计算和确定，在进行酸碱中和滴定实验时，要根据待测溶液的浓度和体积，运用化学计量关系准确计算出所需标准滴定溶液的浓度和用量。浓度过高或过低都可能导致滴定终点难以判断，用量不准确则会直接影响实验结果的准确性，在确定试剂用量时还需要考虑实验的经济性和环保性，避免不必要的浪费和环境污染。

（四）实验步骤：实验的操作指南

实验步骤是实验方案的具体实施流程，它详细、清晰地描述了实验操作的每一个环节和顺序。设计实验步骤时，必须严格遵循科学性、可行性和安全性原则，同时兼顾实验操作的便捷性和高效性。

以化学合成实验为例，首先是试剂的准备环节，要准确称量和量取所需的各种试剂，并确保试剂的纯度和浓度符合实验要求。在反应装置的搭建过程中，要按照实验原理和仪器的使用方法，正确连接各个仪器部件，确保装置的密封性和稳定性。反应条件的控制是关键环节，温度、压力、反应时间等因素都会对反应结果产生重要影响。比如在有机合成反应中，温度的微小变化可能导致反应速率和产物选择性的显著改变，因此需要使用合适的加热或冷却装置，精确控制反应温度。产物的分离和提纯环节也不容忽视，要根据产物的性质选择合适的分离方法，如蒸馏、萃取、重结晶等，以获得高纯度的产物。

在每个环节中都要明确具体的操作方法和注意事项，如在使用易燃试剂时要远离火源，操作过程中要避免产生静电；在进行高温或高压实验时要佩戴相应的防护装备，严格遵守操作规程。另外，详细的实验步骤能够帮助实验者有条不紊地进行实验，减少操作失误，提高实验的成功率。

（五）实验数据处理与分析：实验的价值挖掘

实验数据处理与分析是实验方案设计中不可或缺的重要组成部分，在实验方案中需要明确规定实验数据的采集方法、记录格式以及数据处理和分析的方法。

在进行物理化学实验时通常会使用特定的仪器采集温度、压力、时间等数据，为了保证数据的准确性和可靠性，采集数据时要注意仪器的精度、测量频率以及测量环境等因素。记录数据时要按照一定的格式进行规范记录，确保数据的可追溯性和易于分析，例如可以采用表格的形式记录数据，将实验条件、测量值、测量时间等信息清晰地呈现出来。

数据处理和分析方法多种多样，图表法能够直观地展示数据之间的关系和变化趋势，如通过绘制温度—时间曲线，可以清晰地观察到反应过程中温度的变化情况。数学计算法用于根据实验数据进行定量计算，如根据化学反应动力学数据计算反应速率常数。统计学方法则用于分析数据的可靠性和重复性，通过计算平均值、标准偏差等参数，评估实验结果的准确性和精密度。

三、化学实验方案的优化方法

（一）实验条件的优化

1. 温度优化

温度在化学反应中扮演着举足轻重的角色，它是影响化学反应速率和化学平衡的关键因素之一。根据阿伦尼乌斯公式，反应速率常数与温度呈指数关系，温度的微小变化可能导致反应速率大幅改变。在化学平衡体系中，温度的改变会使平衡常数发生变化，进而影响反应物和产物的浓度分布。

以酶催化反应实验为例，酶作为一种生物催化剂，其活性对温度极为敏感。在较低温度下，酶分子的活性中心与底物的结合能力较弱，反应速率缓慢；随着温度升高，分子热运动加剧，酶与底物的碰撞频率增加，反应速率加快。但当温度超过一定范围后，酶的空间结构会被破坏，导致酶失活，反应速率急剧下降。通过在不同温度下进行实验，如设置20℃、30℃、40℃、50℃、60℃等多个温度梯度，分别测量酶催化反应的速率，然后以温度为横坐标、酶活性（反应速率）为纵坐标绘制关系曲线。从曲线中可以清晰地看出酶活性随温度的变化趋势，进而确定酶催化反应的最适温度，在此温度下，酶的催化效率最高，能够以最快的速度将底物转化为产物。

2. 浓度优化

反应物浓度对化学反应的进程和结果有着重要影响。在化学反应动力学中，一般情况下，增加反应物的浓度会使反应速率加快，这是因为浓度增加导致单位体积内反应物分子的数量增多，分子间有效碰撞的概率增大。然而，过高的浓度并非总是有益的。一方面，过高的浓度可能引发副反应，改变反应的选择性，使目标产物的纯度降低；另一方面，高浓度的反应物往往意味着更高的实验成本，同时可能对实验设备和环境产生更大的压力。

在化学沉淀实验中，浓度优化的重要性尤为明显。例如，在制备氢氧化镁沉淀时，通过调整沉淀剂氢氧化钠的浓度，观察沉淀的生成速率和沉淀的质量。当氢氧化钠浓度较低时，沉淀生成速率较慢且可能沉淀不完全；随着浓度逐渐增加，沉淀生成速率加快，沉淀量也增多。但当浓度过高时，可能会生成其他形态的镁化合物，影响氢氧化镁沉淀的纯度和质量。通过一系列不同浓度条件下的实验，对比分析沉淀的生成情况，从而确定使沉淀效果最佳的沉淀剂浓度，在保证沉淀质量的同时降低试剂成本和后续处理难度。

3. 时间优化

反应时间是实验条件优化中不可忽视的因素。不同的化学反应达到平衡状态或获得最佳实验结果所需的时间各不相同。一些快速反应可能在短时间内就能完成，而一些复杂的反应则需要较长时间。

在推进有机合成实验的进程中，反应时间的控制直接关系到产物的收率和纯度。以乙酸乙酯的合成为例，该反应是一个可逆反应，在一定条件下，反应开始时，乙酸和乙醇在催化剂的作用下逐渐生成乙酸乙酯和水。反应初期，随着时间推移，产物浓度不断增加。但如果反应时间过短，反应物未能充分转化，产物收率较低；而当反应时间过长，由于逆反应的存在以及可能发生的副反应，如乙酸乙酯的水解等，会导致产物分解或副产物增多，降低产物的纯度和收率。通过在不同时间点采集反应混合物，分析其中产物和反应物的浓度变化，绘制产物浓度与时间的关系曲线，从而确定最佳的反应时间，使乙酸乙酯的收率和纯度达到最优。

（二）实验方法的优化

1. 改进实验操作流程

传统的实验操作流程在长期实践中虽然积累了丰富的经验，但也可能存在一些烦琐或效率低下的环节。对其进行分析和改进，简化不必要的操作步骤，是提高实验效率和准确性的有效途径。

在物质的分离和提纯实验中，传统的分离方法如液—液萃取，存在操作步骤烦琐、试剂用量大、分离时间长等问题，且可能产生较多的有机废液，对环境造成污染。然而采用新的分离技术，如固相萃取，利用固体吸附剂对目标化合物的选择性吸附作用，将目标物从样品中分离出来，其操作相对简单，只需将样品溶液通过固相萃取柱，然后用适当的洗脱剂洗脱目标物即可，大大缩短了分离时间，减少了试剂用量，同时提高了分离效率和目标物的纯度。

另外，膜分离技术也是一种新兴的高效分离方法，它利用具有选择性、透过性的膜，根据分子大小、电荷等差异对混合物进行分离。例如，超滤膜可以分离大分子和小分子物质，反渗透膜可用于海水淡化等，这些膜分离技术具有能耗低、分离效率高、无相变等优点，在化学实验和工业生产中得到了广泛应用。

2. 引入新的实验技术和仪器

随着科学技术的飞速发展，新的实验技术和仪器不断涌现，为化学实验方案的优化提供了更多的可能性。

在分析化学领域，高效液相色谱—质谱联用技术（HPLC-MS）的出现极大地提升了对复杂样品的分析能力。传统的液相色谱只能对样品中的成分进行分离；质谱则主要用于化合物的结构鉴定；而 HPLC-MS 则将两者的优势结合了起来，首先通过液相色谱将复杂样品中的各种成分分离，然后直接进入质谱进行分析，能够同时对多种成分进行定性和定量分析。例如，在药物分析中，HPLC-MS 可以准确测定药物中的有效成分含量，同时鉴定其中可能存在的杂质结构，大大提高了分析的准确性和灵敏度，为药物质量控制和研发提供了强有力的技术支持。此外，还有一些新型的光谱仪器，如同步辐射光源激发的 X 射线荧光光谱仪，具有更高的分辨率和灵敏度，能够对微量和痕量元素进行精确分析，在材料科学、环境科学等领域发挥着重要作用。

（三）实验设计方法的优化

1. 正交实验设计

正交实验设计是一种高效的多因素实验设计方法，特别适用于需要同时考察多个因素对实验结果影响的情况。它利用正交表来安排实验，正交表是一种精心设计的表格，能够在较少的实验次数下，全面考察各因素的不同水平组合对实验结果的影响。

假设在研究某个化学反应时，需要考察温度、反应物浓度、催化剂用量三个因素对反应产率的影响。每个因素分别设置三个水平，如温度为 50℃、60℃、70℃；反应物浓度为 0.1mol/L、0.2mol/L、0.3mol/L；催化剂用量为 0.5G、1.0G、1.5G。如果采用全面实验设计，需要进行 $3 \times 3 \times 3=27$ 次实验，实验次数较多，将耗费大量的时间和资源；而采用正交实验设计，根据正交表 L9（3^4），只需进行 9 次实验，就可以全面考察各因素之间的交互作用。通过对这 9 次实验结果的分析，利用极差分析或方差分析等方法，可以确定每个因素对反应产率的影响主次顺序，以及各因素的最佳水平组合，从而快速找到最佳的反应条件，提高实验效率和成功率。

2. 响应面实验设计

响应面实验设计是一种基于数学模型的实验设计方法，它能够更深入地研究实验因素与实验结果之间的关系。通过对实验数据进行回归分析，建立响应变量（如实验结果）与自变量（如实验因素）之间的数学模型，通常是二次多项式模型。

在优化某材料的制备工艺时，需要考察温度、压力、原料配比三个因素对材料性能（如强度）的影响。首先进行一系列的实验，采集不同因素水平组合下的材料性能数据。然后利用统计软件对这些数据进行回归分析，建立材料强度与温度、压力、原料配比之间的数学模型，通过对数学模型的分析可以得到各因素对材料强度的主效应和交互效应。例如，通过模型分析可以确定温度和压力之间是否存在显著的交互作用，即温度的变化对材料强度的影响是否会因压力的不同而有所改变。根据模型的预测结果，可以绘制响应面图和等高线图，直观地展示各因素对材料性能的影响趋势，从而更准确地确定最佳的制备工艺参数，提高材料的性能。与正交实验设计相比，响应面实验设计不仅能够考察因素的主效应，还能更全面地分析因素之间的交互作用，为实验条件的优化提供更精确的依据。

第二节　实验操作中的安全与规范

在化学实验领域，安全与规范是贯穿始终的核心要素，是保障实验顺利开展、实验人员人身安全以及实验结果准确性的基石。化学实验涉及众多复杂的化学反应、危险的化学试剂以及精密的仪器设备，任何一个环节的疏忽都可能引发严重的安全事故，不仅危及师生的生命健康，还可能对教学秩序和科研工作造成极大的负面影响。因此，深入理解并严格遵守实验操作中的安全与规范，对于化学教学与科研工作具有不可估量的重要意义。

一、树立正确的安全意识

(一) 安全意识的重要性

在化学实验领域，安全意识作为实验安全的首要防线，其重要性不言而喻。化学实验往往涉及各种复杂的化学反应、危险的化学试剂以及精密的仪器设备，这些因素都潜藏着诸多安全风险。对于实验人员而言，时刻保持高度的警惕性，并将安全置于首位，是确保实验顺利进行以及自身生命安全的关键所在。

大量实验事故的发生，深入探究其根源，大多是由于实验人员安全意识淡薄，对潜在的安全风险缺乏足够的认识和重视。以有机合成实验为例，许多有机溶剂，如乙醚、丙酮等，具有高度的易燃易爆性。若实验人员在操作过程中，未能充分意识到这些特性，随意地放置试剂，使得试剂处于不符合安全规范的环境中，或者在操作电器设备时不遵循规范流程，比如在有易燃易爆气体存在的环境中使用未防爆的电器设备，就极有可能产生电火花，从而引发火灾甚至爆炸事故。此类事故一旦发生，不仅会对实验设备和场地造成严重的破坏，还可能危及实验人员的生命健康，给个人、家庭以及学校带来不可挽回的损失。

只有从思想层面深刻认识到安全问题的重要性，实验人员才能在行动上自觉地遵守各种安全规范。当安全意识深入人心成为一种本能时，实验人员在进行每一个实验步骤、操作每一件仪器设备时都会自然而然地考虑到安全因素，从而有效地预防事故的发生。例如，在取用危险化学品时会严格按照规定佩戴防护用具；在进行加热、蒸馏等操作时会密切关注设备的运行状态，确保操作环境的安全。

(二) 安全培训与教育

1. 新生入学安全教育

对于学生来说，在接触化学实验之前，接受系统全面的入学安全教育是至关重要的。这一阶段的安全教育，旨在为学生构建起对化学实验安全的初步认知框架，为他们后续的实验操作奠定坚实的基础。

教育内容应涵盖多个方面。首先是化学实验安全的基本知识，包括实验室的基本安全规则，如进入实验室的着装要求、禁止行为等；其次是常见危险化学品的性质与防护，详细介绍各类危险化学品的物理化学性质、潜在危害以及相应的防护措施，让学生对这些危险化学品有清晰的认识，从而在实验中能够正确地处理和使用；再次是实验仪器的正确使用方法，通过理论讲解和实际操作演示，让学生熟悉各种常见实验仪器的功能、操作步骤和注意事项，避免因操作不当而引发安全事故；最后是应急处理措施，教会学生在遇到火灾、爆炸、中毒等突发事故时，应如何冷静应对，采取正确的自救和互救措施。

为了确保安全教育的效果，可采用多种形式进行教学，如专题讲座可以系统地传授知识，由专业的教师或安全管理人员进行讲解，让学生对实验安全有一个全面的了解；视频演示则可以通过生动直观的画面展示实验事故的危害以及正确的操作方法和应急处理过程，增强学生的感性认识；实验室实地参观能够让学生亲身感受实验室的环境和设备，了解安全设施的布局和使用方法，加深对安全知识的理解和记忆[①]。

2. 定期安全培训与考核

除了新生入学教育外，定期组织实验人员参加安全培训是持续强化他们安全意识和安全技能的重要举措，由于不同专业、不同实验课程所涉及的实验内容和安全风险存在差异，因此培训内容应具有针对性。

对于药学专业的学生来说，培训重点应放在与药物合成、分析相关的安全知识上，例如药物合成过程中使用的一些特殊试剂，如有毒的中间体、具有生物活性的物质等，其储存、使用和处理方法都有严格的要求；药物分析实验中，涉及的精密仪器设备的安全操作和维护等。对于材料化学专业的学生来说，则应侧重于材料制备过程中的安全问题，如高温、高压、真空等特殊实验条件下的安全操作，以及新型材料合成过程中可能产生的危险物质的处理等。

同时，为了确保实验人员真正掌握所学的安全知识和技能，定期的安全考核是必不可少的，且考核内容应涵盖培训的各个方面，包括理论知识和

① 陈莎莎，林晓娟，陈婉明，等．化学实验室安全管理体系的构建与实施 [J]. 化纤与纺织技术，2025(1)：73-75.

实际操作技能。通过考核可以检验实验人员对安全知识的理解和掌握程度，发现他们在安全意识和操作技能方面存在的不足，从而有针对性地进行进一步的培训和指导。只有考核合格的实验人员才允许进入实验室进行实验操作，以保证实验室的安全环境。

二、危险化学品的安全管理

(一) 危险化学品的分类与特性

1. 爆炸品

爆炸品堪称危险化学品中最为危险的一类，其蕴含的巨大能量在特定条件下能瞬间释放。以三硝基甲苯（TNT）为例，它是一种常见的军用炸药和工业炸药，分子结构中含有多个硝基，这些硝基赋予了 TNT 高度的化学活性。当受到摩擦、撞击、受热或其他引发因素作用时，TNT 分子会迅速发生分解反应，生成大量的气体（如氮气、二氧化碳等），并释放出巨大的能量，引发强烈的爆炸。黑火药也是典型的爆炸品，它由硝酸钾、木炭和镁粉混合而成，燃烧时会产生大量的气体和热量，在密闭空间或受到足够的激发时，能引发剧烈的爆炸。在化学实验中，若涉及爆炸品的使用，哪怕是极其微量的操作，都必须严格遵循相关规定；实验环境需保持绝对的安静和稳定，避免任何可能引发爆炸的因素；储存时，应将爆炸品放置在专门的防爆储存柜中，储存环境要远离热源、火源和振动源。

2. 压缩气体和液化气体

压缩气体和液化气体按照性质可细分为易燃气体、有毒气体和助燃气体。氢气作为易燃气体的代表，它的爆炸极限范围较宽，在空气中的体积分数达到 4.0% ~ 75.6% 时，遇明火、静电火花或高温就可能发生爆炸。甲烷也是常见的易燃气体，在煤矿开采、石油化工等相关实验中可能会涉及。有毒气体如氯气，具有强烈的刺激性气味，它能与人体呼吸道黏膜中的水分反应，生成具有腐蚀性的盐酸和次氯酸，对呼吸道造成严重的损伤，甚至导致窒息死亡。硫化氢同样是剧毒气体，低浓度时就会对人体的嗅觉、神经系统产生危害，高浓度时能在短时间内致人死亡。助燃气体如氧气，本身虽不可燃，但能显著增强其他物质的燃烧能力。在实验室中，若钢瓶质量不过关，长期使用导致阀门松动，或者在搬运过程中受到外力撞击，都可能使气体泄漏。一旦易燃气体泄漏并遇到火源，就会引发火灾或爆炸；有毒气体泄漏则会导致人员中毒。因此，钢瓶的定期检查和维护至关重要，同时要配备气体泄漏检测报警装置，以便及时发现和处理泄漏事故。

3. 易燃液体

许多有机溶剂都属于易燃液体，如乙醇、乙醚、丙酮等。它们的闪点较低，这意味着在相对较低的温度下，其挥发出的蒸气与空气混合就能形成可燃混合物。例如，乙醚的闪点约为 -45℃，在常温下就极易挥发形成可燃蒸气。当这些可燃蒸气与空气混合达到一定比例（爆炸极限）时，遇到火源就会发生爆炸。在进行有机合成实验时，经常会用到这些易燃液体。在操作过程中，实验台周围不能有明火，加热时应采用水浴、油浴等间接加热方式，避免使用明火直接加热。同时，要注意防止静电的产生，因为静电火花也可能引发易燃液体的燃烧和爆炸。实验人员应穿着防静电工作服，使用防静电的仪器设备和工具，操作场所要保持良好的通风，及时排出挥发的易燃蒸气。

4. 易燃固体、自燃物品和遇湿易燃物品

易燃固体如红磷，燃点相对较低，在受到摩擦、撞击或遇热时容易燃烧。自燃物品以白磷最为典型，它的燃点极低，只有 40℃左右，在空气中就能缓慢氧化并释放热量，当热量积聚到一定程度时就会自燃。因此，白磷必须保存在水中，以隔绝空气，防止自燃。遇湿易燃物品如金属钠、钾，它们的化学性质非常活泼，能与水发生剧烈反应，生成氢气和强碱，并释放出大量的热量。这些热量足以点燃生成的氢气，引发火灾甚至爆炸。在储存和使用金属钠、钾时，要将它们保存在煤油或液体石蜡中，取用过程中要使用镊子，避免用手直接接触，防止与皮肤上的水分发生反应。

5. 氧化剂和有机过氧化物

氧化剂具有强氧化性，能够夺取其他物质的电子，使其他物质发生氧化反应。高锰酸钾是常见的氧化剂，在酸性条件下氧化性更强，能与许多有机物发生剧烈的氧化还原反应。重铬酸钾同样具有强氧化性，常用于氧化还原滴定实验。有机过氧化物如过氧化苯甲酰，分子中含有过氧键，化学性质不稳定，在受热、摩擦、撞击或遇到还原剂时，容易发生分解反应，释放出大量的氧气和热量，引发燃烧或爆炸。在实验室的日常运作时，氧化剂和有机过氧化物必须与易燃物、还原剂分开存放，储存容器要选用耐腐蚀、密封性好的材质。使用时，要严格控制反应条件，避免与不相容的物质接触。

6. 有毒品

有毒品涵盖了各种有毒的化学试剂，氰化物是其中毒性极强的一类，如氰化钾、氰化钠等。它们进入人体后，能迅速与细胞色素氧化酶中的铁离子结合，使细胞无法摄取和利用氧气，导致细胞窒息死亡。重金属盐如汞盐、铅盐等，会在人体内蓄积，对神经系统、消化系统、泌尿系统等造成严重损害。农药也是常见的有毒品，它们具有不同的毒性机制，有的会抑制神经系统的正常功能，有的会影响内分泌系统。在使用有毒品时，实验人员必须佩戴防护手套、口罩、护目镜等个人防护装备，操作要在通风橱中进行，避免吸入有毒气体或粉尘，防止皮肤接触有毒物质。通风橱要定期检查和维护，确保其通风效果良好，能及时排出有毒物质。

7. 放射性物品

尽管在学校的化学实验中涉及放射性物品的情况相对较少，但一旦涉及，其危害极大。放射性物品能够发出 Α、Β、Γ 等射线，这些射线具有很强的穿透能力和电离能力。Α 射线虽然穿透能力较弱，但在近距离接触人体时，能对人体组织造成严重的损伤。Β 射线的穿透能力较强，能穿透皮肤和一些较薄的物质。Γ 射线的穿透能力最强，能穿透人体和大部分建筑材料。长期受到放射性射线的照射，会对人体细胞和组织造成不可逆的损伤，引发癌症、基因突变等严重后果。对于放射性物品的管理，必须严格按照国家相关法规和标准进行。储存场所要具备良好的屏蔽设施，防止射线泄漏。运输过程中要使用专门的放射性物质运输容器，确保运输安全。使用时，实验人员要穿戴专业的防护服装和设备，操作过程要在专门的屏蔽室内进行，同时要配备辐射监测仪器，实时监测辐射剂量。

(二) 危险化学品的采购与储存

1. 采购管理

学校在采购危险化学品时选择具有相应资质的供应商是首要条件，这些资质包括危险化学品生产许可证、经营许可证等，只有具备合法资质的供应商才能确保所提供的危险化学品的质量和安全性。采购过程中向供应商索取危险化学品的安全技术说明书（MSDS）是必不可少的环节，MSDS 详细记录了危险化学品的理化性质、危险性概述、急救措施、消防措施、泄漏应急处理、操作处置与储存、接触控制和个体防护等信息，通过研读 MSDS，实验人员和管理人员能够全面了解危险化学品的特性，从而采取相应的防护和管理措施。同时，建立完善的采购审批制度至关重要，采购申请需经过实验室负责人、学校安全管理部门等多部门的审核，审核内容包括采购的必要性、采购量的合理性、储存条件是否满足等，只有通过审批的采购申请才能进行后续的采购流程，以确保采购行为的合法性和规范性，避免不必要的危险化学品采购带来的安全隐患。

2. 储存管理

危险化学品的储存遵循分类、分区、分库的原则，分类储存是根据危险化学品的不同类别，如爆炸品、易燃液体、氧化剂等，分别进行储存，防止不同类别的危险化学品相互混合发生化学反应。分区储存是将储存区域划分为不同的功能区，如易燃区、易爆区、有毒区等，每个区域之间保持一定的安全距离；分库储存则是对于一些特别危险的化学品，如爆炸品、剧毒化学品等，设立专门的储存库房。氧化剂和还原剂不能存放在同一库房，因为它们之间可能发生剧烈的氧化还原反应，引发火灾或爆炸。易燃液体和易燃固体也要分开存放，防止易燃液体挥发的蒸气与易燃固体接触引发燃烧。储存场所要具备良好的通风设施，以排出挥发的有害气体和易燃蒸气，降低爆炸和中毒的风险。防火设施要齐全，配备相应的灭火器、消防栓等消防器材。防爆设施要符合相关标准，如采用防爆电器设备、安装防爆门窗等。防盗设施要完善，防止危险化学品被盗用引发安全事故。同时，建立严格的出入库管理制度，对危险化学品的出入库进行详细记录，包括出入库时间、品种、数量、领用人等信息，确保库存数量的准确性和安全性，便于对危险化学品的流向进行跟踪和管理。

（三）危险化学品的使用与废弃物处理

1. 使用管理

在使用危险化学品时，实验人员必须严格按照操作规程进行操作。首先，认真阅读危险化学品的安全技术说明书是关键步骤，通过阅读说明书了解其性质、危害和防护措施，为正确操作提供依据。在操作执行阶段，佩戴相应的个人防护装备是保障安全的基本要求，如防护手套要根据危险化学品的性质选择合适的材质，护目镜能有效保护眼睛免受危险化学品的伤害，口罩则要选择能过滤有害气体和粉尘的类型。对于一些剧毒化学品和易制毒化学品，如氰化物、麻黄碱等，必须严格按照相关规定进行双人双锁管理，使用时需要两名授权人员同时在场，开启存放剧毒化学品的保险柜或储存设施，使用过程要进行详细的登记，包括使用时间、使用量、用途、使用人等信息。同时要注意控制使用量，根据实验需求精确计算所需的危险化学品量，避免过量使用造成浪费和不必要的风险。

2. 废弃物处理

实验过程中产生的危险化学品废弃物必须进行妥善处理，严禁随意丢弃或排放，危险化学品废弃物的处理遵循分类收集、安全储存、专业处置的原则。分类收集是将不同类别的废弃物分别装入专门的容器中，并贴上明显的标识。废酸液、废碱液要分别收集在耐酸碱的容器中，避免酸碱中和产生危险。有机废弃物和无机废弃物要分开存放，因为它们的处理方法不同，有机废弃物通常采用焚烧或化学处理的方式，无机废弃物则可能需要进行化学沉淀、固化等处理。收集好的废弃物要存放在专门的储存场所，储存场所要具备良好的通风、防泄漏、防挥发等设施，在储存过程中要定期检查废弃物的储存情况，防止废弃物泄漏、挥发对环境造成污染。在等待专业的环保公司进行处理时，要与环保公司签订正规的处理合同，确保废弃物得到合法、安全、有效的处置。环保公司应具备相应的危险废物处理资质和专业的处理设备、技术，能够对危险化学品废弃物进行无害化处理，减少对环境的危害。

三、仪器设备的安全使用

(一) 仪器设备的正确操作

1. 实验前的准备工作

在使用仪器设备之前，实验人员要认真阅读仪器设备的使用说明书，了解其基本结构、工作原理、操作方法和注意事项，同时要对仪器设备进行检查，确保其正常运行。例如，在使用电子天平之前要检查天平是否水平、零点是否校准；在使用气相色谱仪之前要检查气路是否畅通、色谱柱是否安装正确等。

2. 操作过程中的注意事项

在仪器设备的操作过程中要严格按照操作规程进行操作，避免违规操作。例如在使用高温炉时要先设置好温度和时间，待炉温达到设定值后再放入样品，严禁在高温炉运行过程中打开炉门；在使用离心机时要确保离心管对称放置，且离心管内的液体不能超过规定的容量，避免离心机在高速旋转过程中发生失衡。

3. 实验后的维护与保养

在实验操作完成时要对仪器设备进行及时的维护和保养，以延长其使用寿命。维护保养的内容包括清洁仪器设备表面、检查仪器设备的零部件是否正常、对易损件进行更换等。例如，在使用完分光光度计后，要及时关闭电源，用干净的纱布擦拭比色皿和仪器表面；在使用完真空泵后，要及时清理泵内的油污和杂质，定期更换真空泵油。

(二) 仪器设备的安全防护

1. 接地保护

许多仪器设备都需要进行接地保护，以防止漏电事故的发生。接地保护的原理是将仪器设备的金属外壳与大地连接，当仪器设备发生漏电时，电流能够通过接地线流入大地，避免人员触电。在实验室运作期间要确保所有需要接地的仪器设备都正确接地，定期对接地装置进行检查和维护，确保接地的可靠性。

2. 过载保护

为了防止仪器设备因过载而损坏，许多仪器设备都配备了过载保护装置，例如一些大功率的仪器设备如电炉、烘箱等都安装了热继电器或熔断器等过载保护元件。当仪器设备的电流超过额定值时过载保护元件会自动切断电路，保护仪器设备。在使用仪器设备时，要注意观察仪器设备的运行状态，避免过载运行。

3. 安全连锁装置

一些具有潜在危险的仪器设备，如高压反应釜、离心机等，都安装了安全联锁装置。安全联锁装置的作用是在仪器设备运行过程中，防止人员误操作或意外打开设备，从而避免发生安全事故。例如，高压反应釜在运行过程中，只有当釜内压力降至安全范围时才能打开釜盖；离心机在高速旋转过程中机盖无法打开。在使用这些仪器设备时要确保安全联锁装置的正常运行，严禁随意拆除或损坏安全联锁装置。

四、常见实验事故的预防与处理

(一) 火灾与爆炸事故的预防与处理

1. 火灾与爆炸事故的预防措施

严格控制火源和热源，在实验室中严禁吸烟，使用明火时要远离易燃物。妥善储存和使用易燃化学品，将易燃化学品存放在专门的防火防爆储存柜中，使用时要严格按照操作规程进行操作，避免产生静电火花。定期检查电气设备，确保电气设备的绝缘性能良好，避免电气设备短路、过载等引发火灾。在实验室中配备必要的消防器材，如灭火器、灭火毯、消防沙等，并定期进行检查和维护，确保消防器材的完好有效。

2. 火灾与爆炸事故的处理方法

一旦发生火灾要立即拨打火警电话“119”并迅速组织人员疏散，疏散过程中要按照预定的疏散路线进行疏散，避免拥挤和踩踏事故的发生。对于初期火灾可以使用灭火器、灭火毯等消防器材进行灭火，不同类型的火灾要使用不同类型的灭火器，如油类火灾要用泡沫灭火器或二氧化碳灭火器进行灭火；电气火灾要用干粉灭火器或二氧化碳灭火器进行灭火。如果火势较大无法控制，要迅速撤离现场，等待消防人员的到来，在撤离过程中要注意用湿毛巾捂住口鼻，低姿前行，避免吸入有毒烟雾。

(二) 中毒事故的预防与处理

1. 中毒事故的预防措施

在使用有毒化学品时要在通风橱中进行操作，确保通风良好，避免有毒气体在实验室中积聚，佩戴相应的个人防护装备，如防护手套、口罩、护目镜等避免皮肤接触和吸入有毒物质。严格遵守有毒化学品的使用操作规程，控制使用量，避免浪费和不必要的接触，定期对实验室进行通风换气，保持实验室空气清新。

2. 中毒事故的处理方法

一旦发生中毒事故要立即将中毒人员转移到通风良好的地方，解开其衣领和腰带，保持呼吸通畅。如果中毒人员意识清醒，要立即让其漱口并饮用大量的清水，以稀释体内的毒物；如果中毒人员出现呕吐症状，要将其头部偏向一侧，防止呕吐物堵塞呼吸道。

根据中毒的类型和症状及时采取相应的急救措施，如吸入性中毒可以给予吸氧治疗，腐蚀性毒物中毒可以给予牛奶、蛋清等进行中和，同时要立即拨打急救电话“120”将中毒人员送往医院进行救治。

（三）触电事故的预防与处理

1. 触电事故的预防措施

定期检查电气设备的绝缘性能，确保电气设备的外壳接地良好，避免电气设备漏电。在使用电气设备时要使用合格的电源线和插头，避免使用破损的电源线和插头，严禁湿手触摸电气设备，在操作电气设备之前要确保手部干燥。在实验室中安装漏电保护器，当电气设备发生漏电时，漏电保护器能够迅速切断电路，保护人员安全。

2. 触电事故的处理方法

一旦发生触电事故要立即切断电源，使用绝缘工具（如干燥的木棒、竹竿等）将触电人员与电源分离，避免直接用手接触触电人员。如果触电人员呼吸、心跳停止，要立即进行心肺复苏术（CPR），同时拨打急救电话“120”，等待急救人员的到来，在进行心肺复苏术时要按照正确的操作方法进行操作，确保急救效果。

五、实验室安全管理制度的建立与完善

（一）安全管理制度的重要性

实验室安全管理制度是保障实验室安全的重要依据和准则。完善的安全管理制度能够明确实验室人员的安全职责和义务，规范实验操作行为，加

强对危险化学品和仪器设备的管理，有效预防和控制实验事故的发生。同时，安全管理制度还能够为实验室的安全管理提供科学的方法和手段，提高安全管理的效率和水平。

(二) 安全管理制度的内容

1. 实验室准入制度

明确规定进入实验室的人员条件和审批程序，只有经过安全培训并考核合格的人员才能进入实验室进行实验操作。

2. 实验操作规程

针对不同的实验项目和仪器设备，制定详细的实验操作规程，规范实验人员的操作行为，确保实验操作的安全性和准确性。

3. 危险化学品管理制度

危险化学品管理制度包括危险化学品的采购、储存、使用和废弃物处理等方面的管理制度，明确危险化学品的管理责任和操作规范，确保危险化学品的安全管理。

4. 仪器设备管理制度

规定仪器设备的采购、验收、使用、维护和报废等方面的管理制度，确保仪器设备的正常运行和安全使用。

5. 安全检查制度

定期对实验室进行安全检查，及时发现和消除安全隐患。安全检查的内容包括危险化学品的储存和使用情况、仪器设备的运行状况、消防设施的配备和完好情况等。

6. 应急救援预案

制定完善的应急救援预案，明确应急救援组织机构和职责、应急响应程序、应急救援措施等，提高应对突发事件的能力。

(三) 安全管理制度的执行与监督

1. 制度的执行

实验室人员要严格遵守安全管理制度，认真履行自己的安全职责和义务，在实施实验操作的各个环节要严格按照实验操作规程进行操作，严禁违规操作。同时要积极参与安全培训和应急演练，提高自己的安全意识和应急处理能力。

2. 制度的监督

建立健全安全管理制度的监督机制，加强对安全管理制度执行情况的监督检查。实验室管理人员要定期对实验室人员的安全操作行为进行检查，对违反安全管理制度的行为要及时进行纠正和处理，同时要鼓励实验室人员相互监督，共同维护实验室的安全环境。

第三节　基于实验数据的分析与结论推导

在化学实验工作当中，实验数据是科学研究的核心要素，是探索化学规律、验证理论假设的重要依据。通过精心设计实验并准确采集数据后，对这些数据进行深入分析以及合理推导结论，不仅能够揭示化学现象背后的本质，还能为化学学科的发展提供坚实的支撑。无论是在基础化学研究中，如探索化学反应的机理、测定物质的结构与性质，还是在应用化学领域，如开发新的材料、优化化工生产工艺，基于实验数据的分析与结论推导都起着至关重要的作用。

一、实验数据的采集

(一) 明确实验目的与数据需求

实验目的是整个化学实验的核心与指引，它像指南针一样，决定着后续实验的走向，尤其是数据采集的方向与重点。以研究温度对某化学反应速率的影响为例，从实验目的出发，我们需要围绕不同温度条件下的反应体系展开数据收集。

在这个实验中，反应物浓度随时间的变化是关键数据之一。因为化学反应速率的定义是单位时间内反应物浓度的减少或生成物浓度的增加，所以准确记录不同时刻反应物的浓度，就能直观地反映出反应速率的变化情况。同时，反应体系的温度变化也不容忽视。温度作为自变量，其精确测量对于研究反应速率与温度的关系至关重要。我们需要在实验过程中，使用高精度的温度计，实时记录反应体系的温度，确保每个温度条件下的数据都是准确且具有代表性的。

只有明确了实验目的，才能精准地确定数据采集的范围。比如，在上述实验中，就无须采集与反应速率和温度无关的其他物质的颜色、气味等数据，避免了无效数据的干扰，极大地提高了实验效率。

（二）选择合适的实验仪器与测量方法

实验仪器与测量方法的选择直接关系到数据的质量。在定量分析实验中，若要精确测量物质的质量，高精度的电子天平是不二之选。电子天平的精度可以达到小数点后四位甚至更多，能够满足对质量测量精度要求极高的实验。例如，在进行微量物质的称量时，普通天平的误差可能会对实验结果产生较大影响，而高精度电子天平则能提供准确可靠的质量数据。

当需要测量溶液的 pH 时，精度合适的 pH 计就显得尤为重要。不同类型的 pH 计精度有所差异，对于一些对 pH 要求严格的实验，如生物化学实验中研究酶的活性与 pH 的关系，就需要选择精度达到小数点后两位的 pH 计，以确保测量数据能够准确反映溶液的酸碱度变化。

对于复杂的测量任务，单一的测量方法往往难以满足需求，此时多种测量方法相互印证就成为确保数据可靠性的有效手段。以测定有机化合物的结构为例，核磁共振波谱（NMR）可以提供关于化合物中氢原子和碳原子的化学环境信息，通过分析 NMR 谱图，可以确定化合物中不同类型原子的数目和连接方式；质谱（MS）则能够测定化合物的分子量和分子式，通过对碎片离子的分析，还能推断化合物的结构片段；红外光谱（IR）可以检测化合物中存在的官能团，根据特征吸收峰来确定化合物的类别。只有综合运用这三种分析方法，从不同角度获取化合物的结构信息，相互补充和验证，才能得到准确可靠的化合物结构。

（三）保证数据的准确性与可靠性

1. 仪器校准

仪器校准是确保实验数据准确可靠的关键步骤。以分光光度计为例，它通过测量物质对特定波长光的吸收程度来进行定量分析。为了保证吸光度测量的准确性，需要定期使用标准溶液进行校准。标准溶液具有已知的浓度和吸光度值，将其放入分光光度计中测量，根据测量结果与标准值的差异，对分光光度计的波长准确性、吸光度准确性等参数进行调整和校准。仪器校准必须严格按照相关标准和操作规程进行，详细记录校准过程和结果，包括校准日期、校准人员、使用的标准溶液浓度和吸光度值、校准前后仪器的参数变化等信息，以便后续查阅和追溯。

2. 测量重复性

多次重复测量是减小测量误差、提高数据可靠性的常用方法。在滴定实验中，通常需要进行 3 ~ 5 次平行滴定。每次滴定都可能受到各种随机因素的影响，如滴定终点判断的误差、滴定管读数的误差等。通过多次测量取平均值，可以在一定程度上抵消这些随机误差的影响。同时，计算测量结果的标准偏差能够评估数据的离散程度。标准偏差越小，说明多次测量的数据越集中，测量结果的可靠性越高；反之，标准偏差越大，说明数据的离散程度越大，测量结果的可靠性越低。例如，在实施酸碱中和滴定实验流程时，如果多次滴定结果的标准偏差较大，就需要检查实验操作过程中是否存在问题，如滴定管是否漏液、滴定速度是否均匀等，及时进行调整和改进。

3. 空白实验

空白实验是消除系统误差的重要手段。在不加入待测样品的情况下，按照与实际实验相同的操作步骤进行实验，这就是空白实验。在痕量元素分析中，试剂、仪器、环境等都可能引入待测元素的杂质，从而对实验结果产生干扰。通过进行空白实验，可以检测出这些干扰因素的影响程度。例如，在使用某试剂进行痕量元素分析时，若空白实验结果显示该试剂中含有一定量的待测元素，那么在实际实验结果中就需要扣除这部分杂质带来的影响，以得到准确的待测元素含量。

（四）数据记录与保存

1. 规范记录

实验数据的记录必须遵循一定的格式和规范，以确保记录的准确性和完整性，记录内容应全面涵盖实验日期、时间、实验条件、测量数据、实验人员等信息。在记录化学反应的温度时，精确到小数点后一位并注明温度单位是基本要求，如记录为“25.5℃”，这样的记录清晰明确，避免了因记录不规范而产生的误解。在记录溶液体积时要根据使用的量具精度进行记录，如果使用的是精度为0.1mL的量筒，记录体积时应精确到小数点后一位。

2. 数据保存

实验数据的妥善保存对于后续分析和查阅至关重要，采用纸质记录和电子记录相结合的方式是较为可靠的做法。纸质记录应存放在专门的文件柜中，文件柜要放置在干燥、通风的环境中，避免受潮、损坏和丢失，同时可以在文件柜中放置干燥剂和防虫剂，进一步保护纸质记录的安全。电子记录应定期备份，存储在安全可靠的存储设备中，如移动硬盘、云端存储等，移动硬盘应选择质量可靠、存储容量足够的产品并定期进行数据完整性检查。云端存储则要选择信誉良好、安全性高的云服务提供商，设置强密码和双重认证等安全措施，确保数据的安全性。此外，建立数据管理系统，对实验数据进行分类、编号和索引，能够方便数据的检索和调用。例如，按照实验类型、实验时间等对数据进行分类，为每个实验数据文件赋予唯一的编号，并建立详细的索引目录，这样在需要查询特定实验数据时就能快速准确地找到相应的数据文件①。

二、实验数据的整理

（一）数据清洗

1. 异常值处理

在采集到的实验数据中，可能会存在一些异常值，这些异常值可能是由于实验操作失误、仪器故障或其他偶然因素导致的。对于异常值，需要进行仔细的分析和判断，如果异常值是由于明显的错误操作或仪器故障引起的，可以将其剔除；如果无法确定异常值的原因，应采用统计方法进行判断，如格拉布斯准则等。例如，在一组测量某物质熔点的数据中，若有一个数据与其他数据相差较大，且经过检查发现是由于测量时温度计读数错误导

① 郑长龙. 数智化新时代重构化学教育及化学教学论学科新体系 [J]. 化学教育（中英文），2025(1)：127-128.

致的，就可以将该数据剔除。

2. 缺失值处理

当实验数据中存在缺失值时，需要根据具体情况进行处理。如果缺失值较少，可以采用插值法进行补充，如线性插值、拉格朗日插值等；如果缺失值较多，可能需要重新进行实验获取数据，或者采用其他数据分析方法，如多元统计分析中的多重填补法等。例如，在研究某化学反应动力学时，若某一时刻的反应物浓度数据缺失，可以根据前后时刻的数据采用线性插值法进行估算。

（二）数据分类与汇总

1. 分类原则

根据实验目的和数据的性质，对清洗后的数据进行分类。例如，在研究不同催化剂对某化学反应的影响时，可以将数据按照催化剂的种类进行分类；在研究某物质的物理性质随温度变化时，可以将数据按照温度区间进行分类。分类应具有明确的逻辑和依据，以便后续分析。

2. 汇总方法

对分类后的数据进行汇总，计算各类数据的统计量，如平均值、中位数、标准偏差等。这些统计量可以帮助我们更好地了解数据的集中趋势和离散程度。例如，在比较不同催化剂对反应速率的影响时，计算每种催化剂条件下反应速率的平均值和标准偏差，通过平均值可以直观地看出哪种催化剂对反应速率的提升效果更明显，通过标准偏差可以评估数据的稳定性。

（三）数据可视化

1. 图表类型选择

数据可视化是将数据以直观的图表形式展示出来，便于理解和分析，常见的图表类型有折线图、柱状图、散点图、饼图等，选择合适的图表类型应根据数据的特点和分析目的。例如，当展示某物质的浓度随时间的变化趋势时，折线图是比较合适的选择；当比较不同实验组之间的某一指标差异时，柱状图更为直观；当研究两个变量之间的关系时，散点图可以帮助我们观察数据的分布规律和相关性。

2. 图表制作规范

制作图表时应遵循一定的规范，确保图表清晰、准确、美观。图表应具有明确的标题，能够准确反映图表的内容；坐标轴应标注清楚物理量和单位；图例应清晰明了，便于区分不同的数据系列。同时，图表的颜色搭配、字体大小等也应适当，以提高图表的可读性。例如，在绘制折线图时，不同的数据系列可以用不同颜色的线条表示，并在图例中注明每条线条代表的含义；坐标轴的刻度应均匀分布，避免刻度过于密集或稀疏影响数据的展示效果。

三、实验数据的分析方法

（一）统计分析方法

1. 描述性统计分析

描述性统计分析是对实验数据进行初步分析的常用方法，主要包括计算数据的均值、中位数、众数、标准差、方差等统计量。均值反映了数据的平均水平，中位数是将数据按照大小顺序排列后位于中间位置的数值，众数是数据中出现次数最多的数值，标准差和方差则衡量了数据的离散程度。通过这些统计量，可以对数据的基本特征有一个全面的了解。例如，在分析一组学生的化学实验成绩时，计算均值可以了解学生的整体成绩水平，计算标准差可以了解成绩的离散程度，判断成绩的分布是否均匀。

2. 显著性检验

显著性检验用于判断实验数据之间的差异是否具有统计学意义。常用的显著性检验方法有 T 检验、F 检验、卡方检验等。T 检验常用于比较两组数据的均值是否存在显著差异，例如在研究某种新的化学教学方法对学生学习成绩的影响时，可以将学生分为实验组和对照组，分别采用新方法和传统方法进行教学，然后通过 T 检验比较两组学生的考试成绩是否存在显著差异。F 检验常用于方差分析，比较多个组之间的方差是否相等，判断不同因素对实验结果的影响是否显著。卡方检验则主要用于检验两个分类变量之间是否存在关联，例如在研究某种化学物质的毒性与接触时间的关系时，可以将接触时间分为不同的等级、将毒性分为不同的程度，通过卡方检验判断两者之间是否存在关联。

（二）化学计量学方法

1. 多元线性回归分析

在开展化学实验研究时常常需要研究多个自变量与一个因变量之间的关系，多元线性回归分析可以建立自变量与因变量之间的线性数学模型，通过对实验数据的拟合，确定模型中的系数，从而预测因变量的值。例如，在研究某化学反应的产率与反应温度、反应物浓度、催化剂用量等因素的关系时，可以采用多元线性回归分析方法，建立产率与这些因素之间的数学模型，通过对模型的分析，了解各个因素对产率的影响程度并预测在不同条件下的反应产率。

2. 主成分分析（PCA）

主成分分析是一种降维技术，它可以将多个相关的变量转化为少数几个不相关的综合变量，即主成分。通过主成分分析，可以简化数据结构，提取数据中的主要信息，同时还可以发现数据中的潜在规律和特征。在投身化学实验的实践中，PCA 常用于分析复杂的化学数据，如光谱数据、色谱数据等。例如，在分析一组有机化合物的红外光谱数据时，由于光谱数据中包含了大量的信息，直接分析较为困难；而通过 PCA，则可以将这些光谱数据转化为几个主成分，从而更直观地观察化合物之间的差异和相似性，还可以用于化合物的分类和鉴定。

（三）模型拟合与验证

1. 建立数学模型

根据化学原理和实验数据的特点，建立合适的数学模型来描述实验现象。例如，在研究化学反应动力学时，可以根据反应机理建立相应的动力学方程，如零级反应、一级反应、二级反应等动力学模型。在建立模型时，需要考虑模型的合理性和适用性，选择合适的参数来描述模型中的变量关系。

2. 模型拟合

使用实验数据对建立的数学模型进行拟合，通过调整模型中的参数，使模型的预测值与实验数据尽可能接近。常用的拟合方法有最小二乘法、非线性最小二乘法等。最小二乘法是通过最小化实验数据与模型预测值之间的误差平方和来确定模型参数。例如，在拟合某化学反应的动力学模型时，将实验测得的反应物浓度随时间的变化数据代入动力学方程，通过最小二乘法求解方程中的参数，得到最佳拟合的动力学模型。

3. 模型验证

对拟合得到的数学模型进行验证，判断模型的可靠性和预测能力。常用的验证方法有交叉验证、留一法等。交叉验证是将实验数据分为训练集和测试集，用训练集对模型进行拟合，然后用测试集对模型进行验证，计算模型在测试集上的预测误差。留一法是每次从实验数据中留出一个数据点作为测试集，其余数据作为训练集，对模型进行多次拟合和验证，最后计算平均预测误差。通过模型验证，可以评估模型的优劣，选择最合适的模型来描述实验现象。

四、基于实验数据推导结论

（一）结论推导的逻辑基础

1. 归纳与演绎

归纳是从具体的实验数据和现象中总结出一般性的规律和结论。例如，通过对多个不同温度下某化学反应速率的实验数据进行分析，发现随着温度升高，反应速率逐渐增大，从而归纳出温度对反应速率的影响规律。演绎则是从一般性的原理和假设出发，通过逻辑推理得出具体的结论。例如，根据化学反应动力学理论，温度升高会增加反应物分子的能量，使其更容易发生有效碰撞，从而加快反应速率。在结论推导过程中，常常需要将归纳和演绎相结合并相互验证，从而提高结论的可靠性。

2. 因果关系判断

在开展化学实验研究时，要确定实验因素与实验结果之间的因果关系。例如，在研究某催化剂对化学反应的影响时，需要通过对比实验，在其他条件相同的情况下，分别加入催化剂和不加入催化剂，观察反应结果的差异。如果加入催化剂后反应速率明显加快，且排除了其他因素的干扰，就可以判断催化剂与反应速率之间存在因果关系。判断因果关系时，要注意控制实验条件，排除其他可能影响实验结果的因素，确保结论的准确性。

(二) 结合化学理论与实验结果

1. 理论解释

将实验数据和结论与已有的化学理论相结合，用化学理论对实验结果进行解释。例如，在研究某物质的光谱性质时，根据分子结构理论和光谱学原理，分析物质的分子结构与光谱特征之间的关系，解释实验测得的光谱数据。通过理论解释，可以深入理解实验现象背后的本质，验证化学理论的正确性，同时也可以为进一步的研究提供理论支持。

2. 理论修正与完善

有时候实验结果可能与现有的化学理论不完全相符，这时候需要对理论进行修正和完善。例如，在研究某些新型材料的电学性质时，发现实验测得的电学性能与传统的电学理论预测存在差异。这可能是由于新型材料的特殊结构和电子态导致的，需要进一步研究和探索，提出新的理论模型或对现有理论进行修正，以更好地解释实验结果。通过实验与理论的相互作用，推动化学学科的不断发展和进步。

(三) 结论的准确性与可靠性评估

1. 误差分析

对实验数据的误差进行分析，评估实验结果的不确定性对结论的影响。误差来源包括仪器误差、测量误差、系统误差等。通过计算误差范围，判断实验结果的可靠性。例如，在测定某物质的含量时，如果测量误差较大，那么得出的含量结论就存在一定的不确定性。在结论表述中，应明确说明误差范围，使读者对结论的可靠性有清晰的认识。

2. 重复性验证

通过重复性实验验证结论的可靠性。如果在相同的实验条件下，多次重复实验都能得到相似的结果，那么结论的可靠性就较高。例如，在研究某化学反应的机理时，其他研究人员在相同的实验条件下重复该实验，若得到的反应机理与原研究一致，就进一步证实了结论的可靠性。重复性验证是科学研究中确保结论可靠性的重要手段，也是科学研究的可重复性原则的体现。

(四) 结论的应用与展望

1. 实际应用

将基于实验数据推导的结论应用到实际生产和生活中，为解决实际问题提供依据。例如，在化工生产中，根据化学反应动力学实验结果，优化反应条件，提高生产效率和产品质量；在环境科学中，根据化学分析实验数据，制定合理的污染治理方案。通过实际应用，检验结论的实用性和有效性，同时也为化学学科的发展提供实践支持。

2. 未来研究方向

根据实验结论和当前研究的不足，提出未来的研究方向和展望。例如，在研究某新型材料的性能时，虽然已经取得了一定的成果，但仍存在一些问题和不足，如材料的稳定性有待提高、制备工艺复杂等。基于这些问题，可以提出未来的研究方向，如探索新的制备方法、优化材料的结构和组成等，为后续的研究提供思路和方向。

第六章　化学专业研讨式课堂教学研究

第一节　化学专业研讨式教学理论研究

一、研讨式教学的内涵

研讨式教学的研究并非真正的科学研究，它体现的是素质教育、创新教育的思想，它是让学生接受知识的产生和发展过程、把学生培养成全面发展的人才。研讨式教学不再是以传统式灌输知识为主，而是以学到方法和能力为主。它强调教学内容的呈现方式要面向过程，并非单单地强调结果，研讨式教学以学生自主型、主动型学习为主。在教学过程中，将问题产生的起因和研究过程展示给学生，并引导学生从不同侧面思考这类问题反映的研讨式教学的本质特征。具体而言，研讨式教学至少包括以下内涵：第一，要通过课程教学实现讨论与教学、研究相结合；第二，充分发挥学生的主体能动性，让学生充分参与研究工作，培养学生解决问题的能力与创新能力；第三，在教学过程中，通过优化课程结构，在教学科研结合的氛围中实现师生之间、生生之间的互动；第四，教学的目标应该是强调学生多方面能力的培养而不是某一项研究成果。综上所述，笔者认为研讨式教学是以类似于科学研究的方式将科学研究的各个元素渗透到教学过程的各个环节，通过课程教学实现教学和研究、探讨的结合，以培养学生创新精神、提高学生解决问题能力的一种重要教学方式。

二、研讨式教学的特点

（一）探究性

研讨式教学的本质是让学生通过自己查阅资料，与学生和教师之间相互研讨的一种学习方式。在教学过程中，教师不再直接把结果告诉学生，而是多维度地创设问题情景，建立一个支架框，问题的最终解决需要学生自己不断地探索、去求证得到解决问题的方法，从而自己得出结论。研讨式教学的最大特点是，不太在乎结果的取得，更在乎的是在知识的获得过程中，研究能力的培养，注重学生学会知识的方法，更加注重的是学生对探索过程的了解与探索过程中科学观念和态度的形成。

与传统教学相比，研讨式教学以类似于科学研究的方式组织与安排整个教学过程。教师在课堂教学中通过提出问题和提供线索，鼓励学生查资料、做实验、开展讨论来解决现实问题，得出不同的结论。

研讨式教学所具有的探究性并没有科学研究中的严谨性和规范性，而且在学习过程中的探究多是对很多科学研究成果的“再发现”，但是，学生在探究过程中，科学研究思维方式得到了很好的训练，原有知识得到了灵活运用，做到学以致用，从而培养了学生的学习兴趣。研讨式教学将科学研究要素渗透到教育教学的整个环节，以便取得好的教学效果，研讨式教学并不主张学生脱离教学活动去做专门的研究，而是让学生体验研究的过程、掌握研究方法并分享研究成果，从而提高自身的科学素养和研究能力。

（二）互动性

研讨式教学的互动性有以下两个方面的特点：一是师生、生生之间的交流与协作，另外则是师生关系的革新。由于研讨式教学是解决问题的教学，学生将面临综合性复杂的问题，这些都需要学生在智慧上的分工与合作，让学生在合作过程中既要学会独立思考、又要乐于与同伴互相帮助。通过协商学生可以共享信息资源，同时相互启发、相互争论，进一步取得“突破性”的知识成果。与此同时，在共同参与的过程中，学生应该明白每个学生都是特别的个体，有着不同的个性，培养相互交流合作的能力，例如，彼此尊重、理解和容忍；表达、倾听与说服他人的方法；自觉遵守合作规范，制定并执行合作研究方案的能力，不应该把自己的观点强加给其他人。

（三）灵活性

研讨式教学的内部和外部环境特点之一，就在于它的灵活性。灵活性是研讨式教学得以展开的必要条件。在传统教学中，教学任务与教学目标非常明确，学生只要按照指定要求掌握固有的知识，而教师只要按照规定的目标完成教学任务即可。而研讨式教学恰恰相反，它是一种强调以过程为导向的学习方式，而不强调以结果为导向。由于学生的主体能动性，学生的兴趣、学生的知识基础和能力、学习速度、学习方式、学生个性潜质和情感因素的差异等，都使得研讨式教学的过程和结果必然呈现多样性与灵活性。同时，研讨式教学可以根据研究问题的难易程度和学生水平的高低使得内容有所改变。因而，研讨式教学放弃对统一性和确定性的追逐，取而代之以对学生的差异性和不确定性的认可和鼓励。在研讨式教学过程中，教师和学生都必须保持一种开放的胸襟和学术态度，创造有利于研讨式教学顺利实施的物质环境。研讨式教学的灵活性主要体现在：教学目标、教学内容、教学组织形式、教学载体、教学形式、教学空间、教学结果等的灵活性。研讨式教学的灵活性，为学生学习和教师指导潜能的发挥留有足够的空间和余地，从而为研讨式教学的开展，创造了宽松的内外部环境，有利于学生个性的充分发展与兴趣的满足，培养了学生的实践能力与创新能力。在西方，聘请外校专家开设临时性的讲座、各种学术会议也属于研讨式教学内容。在这种讲座中，学生常就自己研究的问题或感兴趣的问题向校外专家讨教，因此，也形成了教师与学生共同讨论的局面。

（四）自主性

个体创造潜能的开发，首先依赖于个体主体性的发挥。在传统的教学中，虽说是“教师主导，学生主体”，但更多的是教师主导作用的充分发挥，呈现教师讲、学生被动听的状态，学生的主体地位得不到应有的尊重。实行了整齐划一的模式化教育，只重视知识的掌握，忽视思维的创新精神、创新能力和个性发展的培养，造成学生被动地学习，动手与实践能力差，参与意识和参与能力不强。而研讨式教学中，学生在整个学习过程中都处于一种积极、紧张、研讨的状态，问题的设置、资料的收集与整理、观点的归纳等，都是学生独立自主地去体验，学生真正成为学习的主体。学生根据自己的兴趣决断研究的各个流程，可以真正地展示自信、自尊、自立和自强的精神风貌，谋求个体创造潜能的充分发挥和个性张扬，教师不再是传统意义上的严师而应当成为学生学习的促进者。自主性强调学生作为主体对课堂教学的参与，其目的是形成平等、和谐探索氛围。研讨式教学的目的是要改变传统的被动接受知识的学习。在参与教学活动中，学生通过亲身体验而获取知识远比被动地从教师那里接受结论要深刻得多，对学生认知发展将会产生深远的影响。研讨式教学注重学生的自主选择、自主学习和自主探究，把教学过程当作在教师引导下，学生自主获取知识、提高能力和素质的过程。学生既可选择教师提出的问题和课题进行研究，也可自行提出问题，制订研究方案、收集资料、选择研究方法、撰写研究报告等环节的工作，学生自始至终都掌握着学习的主动权。

(五) 实践性

研讨式教学强调学生在做中学，让学生在活动中亲自发现自然的奥妙，在动手实验、交流的过程中促进个体对自然及规律的认识，掌握科学研究的基本方法，并在教学活动中使得自身得到全面发展。可见，研讨式教学是属于实践过程，强调通过亲身体验获得直接经验。一方面，研讨式教学的内容与社会生活实际和科学研究进展紧密相结合，社会生活中的重大现实问题和理论问题常常是学生课堂讨论问题和开展课题研究的源头活水，而科学研究中取得的新成果也都基于学生的认识水平不同程度地纳入教学内容中。另一方面，研讨式教学强调学生的亲身实践，注重学生的主动参与，提倡学生开展调查研究，鼓励学生在研究的基础上发表独特见解。

三、研讨式教学的理论基础

(一) 构建主义学习理论

化学专业教学的关键是技能建构与知识建构的协调统一。因此，基于建构主义的化学专业研讨式教学理论对于教育方法、教学模式和教学目标等方面与建构主义理论可以有相应的整合与应用。其主要观点目前仍然普遍应用在教育思想当中。

1. 知识观

建构主义认为知识是主体的经验和解释，是人在实践活动中面对各种客观事物所产生的认识和经验。比如说牛顿第一定律并不是客观存在的，而是牛顿根据大量的实验和认识活动所总结出来的解释。因此，面对同一个问题时，不同的人由于产生的经验不同，可能会存在不同的看法。因此，研讨式教学的本身所提供的知识就不是简单的信息化知识，而是一种经验性的知识，或者是一种柔性化的知识，其重点不是强调学生获得知识，而是如何在研讨的情境下，透过自己的认识与经验获得知识。从建构主义的观念和化学专业的教育特点而言，学生获取的知识信息与获取知识的方法信息同样重要，这才能有效促进学生技能建构与知识建构的协同。

2. 学习观

建构主义认为，学习是对事物产生新的认识，而不是停留在过去的认识中。直接传输给学生现成的知识是不能够建构起自己的知识体系的，因此，在实际的学习中，必须鼓励学习者主动地构建自己的知识体系，而不是被动地接收信息。研讨式学习强调学生通过研讨而完成知识建构的过程，知识的建构过程是学习者主动、自主进行的，不仅是主动选择信息，而且是自主决定其意义，“自主”是建构性学习的本质属性。研讨式教学的关键是研讨过程对知识建构的意义和价值。

3. 教学观

建构主义指出，教师单纯依靠自身的作用传授给学生的知识是比较有限的，而只有依靠学生自己构建自身的知识架构才能最大限度地提升自身的知识。这种建构不可能由其他人代替。因此，教师在教学中的目的是如何设立情境，让学生更好地去感受知识、了解知识，同时要在学生建构知识的过程中给予一定的指导和帮助。研讨式教学不是排除教师的功能，而是调整和规范教师的功能，教师在其中是以引导者的角色，为学生学习指明方向、提供保障。

(二) 合作学习理论

化学专业研讨课堂，一定是合作的而非单纯自主地学习，合作学习是探讨式教学的基本内质。合作学习理论认为，学生个体在智力和兴趣上是存在很大的差异的，因此，对于不同的学科，学生所展现出来的学习能力也有所不同。正是因为这些差异的存在，学生相互之间才更需要进行合作。

合作学习相比学生独立学习，具有很多不可比拟的优点。一是合作学习可以使得学生相互之间取长补短，共同进步。二是培养了学生相互之间团结合作的精神和良好的沟通能力，使得学生的学习压力大大减轻。三是在合作学习中，可以最大限度地激发每一个学生的潜能，使其将其全部的特点发挥出来。在合作学习的理念下，学生会尽自己所能去向其他同学展示自己的观点。与此同时，还可以通过其他同学的观点，来不断地改正自己的错误和不足。在合作学习的过程中，同学之间变得更加亲密，友谊得到了升华，有助于建立良好的同学关系，使大家在和谐的环境中共同得到进步。这也正是研讨式教学课堂的目标与期待。研讨式教学所要鼓励的民主、共生的课堂生态，是合作学习的天然解释与应用。研讨式教学也为合作学习的有效开展提供了优良的载体和环境。

（三）知行统一理论

美国著名的哲学家、教育家也是实用主义哲学的创始人之一，杜威提出了“教育即生活”，即以“经验”为核心的知行合一论。他提出要从做中学、从经验中学，主张把基本的人类事物引进学校里来，作为学校的教材，要更加注重教材的实践性。他的实用主义认为，教育是为了生存所服务的，脱离了实践生产需要的教学是不成功的。因此，化学专业老师在课堂上将理论和实践充分地融合在一起，用理论去指导实践的专业特点正是这一理论的有效体现。职业教育的特点是将教育与生产相结合应该与受教育者的实际需求结合起来，受教育者有必要为将来进入社会做好准备，这也是知行统一理论的核心要旨。

职业学校在培养技能型人才方面发挥着极为重要的作用。传统职业教育教学过程是以客观现实为前提条件的，这种教学观念认为教学的主要目标就是让学生掌握更多的知识和技能。但是由于学生智力、情感和性格上面的一些差距，他们对同样的教学内容接受程度和理解程度都有着很多的差距。如果在化学教学中，还采取传统的教学模式，会对学生的理论和实践相结合的方式造成很大的影响。因此，职业教育从其人才培养的目标来看，要有效地将理论和实践融合起来，从而培养更多的技能型人才。

第二节　化学专业实施研讨式教学模式的可行性

一、化学专业自身的特点

化学专业主要针对医药、医学、测试、分析等专业职业的基础性课程。一方面，化学自身的实践性特色，需要以理论联系实践的方式进行学习。化学的实验性和实践性特征也可以充分发挥研讨式教学的优势和特色。研讨的方式也与学生实验心理的基本特征相符合。另一方面，由于未来专业的影响，化学专业需要通过大量的案例研讨来进行学习。针对医药、医学检测等专业，展开案例讨论需要研讨式教学作为基本教学模式，整合项目教学等多元化的教学模式，建构特色化化学专业教学体系。

二、化学专业学生心理的特点

首先，研讨式教学模式与当前化学专业学生的心理特点比较适应。当前化学专业学生具有很强的探索精神，他们愿意挑战自己，愿意表达自己的想法，不愿意墨守成规。而研讨式教学是教师在事先确定好教学目标的前提下，给予学生适当的指导，学生通过讨论和研究的方式，依靠自身的能力和对知识的掌握程度，去分析问题和解决问题。相比我国传统的“填鸭式”的、单纯老师教，学生听的教学方式，研讨式的教学方法更能够激发学生的学习兴趣。

其次，研讨式学习活动本身具有的竞争性与化学专业学生的心理特点比较适应。在化学教学进行研讨的过程中，每个学生都要把自己独立完成的学习成果展示到老师和其他同学的面前，由老师和同学对其进行相应的评价。而为了能够在老师和同学面前取得一个优异的成绩，每个学生都会尽到自己最大的努力，使自己的学习成果能够比其他同学的成果更加优异。因此，在研讨的过程中，都会尽最大的努力达到最好。学生接到研讨的任务之后，会通过多种渠道来收集资料，从而达成教师事先布置好的学习目标。这也有利于培养化学专业学生良好的竞争意识，从而在未来的工作中应对更大的挑战。

最后，研讨式学习活动本身具有的独立性与化学专业学生的心理特点比较适应。随着时代的发展，越来越多的学生敢于在人前表现自己、宣传自己。在新的发展环境中，只有敢于表现自己、宣传自己，才能在未来的竞争中提高自己的获胜概率。而研讨式教学模式与传统的教学模式相比，学生在学习中能够充分发挥自身的主观能动性，不再单纯地依赖老师，能够在自主学习的过程中发现自身的优点和存在的不足，从而能够在今后的学习中不断地进行自我完善。再加上研讨式的教学模式，要将自己的学习成果展示在老师和同学的面前，这对于平时没有展示机会的学生来说也是一个难得的锻炼机会。老师通过最后成果的展示也可以及时地发现每一个学生存在的不足，并且针对这些不足在今后的教学中进行不断的完善。

三、化学专业学生学习的特点

化学专业学生在日常的学习中具有以下的学习特点：首先，化学专业学生在学习中更具有应用性，侧重于未来的职业发展。其次，化学专业学生在学习中更具有主观能动性，相比高中学生，化学专业学生在时间安排上更具有灵活性，同时对学习的内容有很大的自主性。最后，在学习方法上，心智有了进一步的发展，尤其是随着课余时间的不断增多，其探索精神也在不断增加，再加上已经掌握了一定的学习方法，其学习途径也有了很大的丰富。根据一项相关针对化学专业学生学习意向的调查显示，在学习动机方面，超过 80% 的化学专业学生的学习动力是与自身对未来的工作的期望相结合的。为了能在毕业后，找到一份自己理想的工作，化学专业学生通常在学习中具有一定的积极性。在学习内容方面，化学专业学生对目前的学习内容存在着一定的困惑。其一方面认为考试对学生是非常重要的，因此对考试中强调的内容比较重视，另一方面也渴求着能够获得更多考试以外的知识，特别是那些能够对未来自身实际工作有所帮助的相关知识。而这些知识并不局限于日常所学习的书本上的内容。大部分学生认为，如果教师采用合适的教学方法和模式，对其学习效果会有着非常大的促进作用。另外，希望在学习技巧能够给予更多的指导，并且尽可能地让学生参与到教学的各个过程中来。从调查中我们能够看出，随着化学专业学生心智的不断成熟，学习能力的不断提高，对教师的依赖也在逐渐减弱，学生更希望教师能在教学方法上给予指导，而不是单纯地传授知识。

四、化学专业学生学习观的发展

学生的学习观是指学生个体对知识、学习现象和经验所持有的直觉认识，是在日常学习活动、课堂教学以及社会文化环境中逐渐形成的。每个学生由于个体条件的不同，因此，学习观也不尽相同。因此，带来的学习效果也会产生很大的差异。学生的学习观是学生个体对知识和学习的一套认识论信念系统。学习观所包含的范围和内容比较广泛，它对学习的内容、学习的目标、学习的方法以及学习的环境都有着一定的认识。在学习的成效方面，由于学生在智力、性格、兴趣等方面存在很多的差异，因此不同学生对于不同的教学内容所取得的成效也存在很大的差异。而且这些差异并不是固定不变的，而是会随着学生智力和兴趣的不断发展，而产生变化的。国内外很多学者对学生之间的相互差异也进行了大量的研究，总体来说，随着学生年龄的增长和学习经验的不断增加，学生的学习观会越来越成熟。另外，学生所得到的教育越多、越系统，其学习观也会更加的科学和合理。

第七章　化学教学中的评价与反馈

第一节　化学教学过程性评价的实施与作用

化学教学的成效不仅取决于知识的传授，更依赖于对学生学习过程的全面把控与科学引导。过程性评价作为一种关注学生学习进程的评价方式，在化学教学中扮演着不可或缺的角色。它突破了传统终结性评价仅关注学习结果的局限性，将目光聚焦于学生在学习过程中的行为、态度、能力发展等多个维度，为教学提供了丰富且及时的反馈信息。通过实施过程性评价，教师能够深入了解学生的学习轨迹，精准发现学生的学习问题，有效激发学生的学习热情，进而为调整教学策略、提供个性化学习指导奠定坚实基础，最终助力学生在化学学习中实现知识与能力的全面提升。

一、化学教学过程性评价的内容与方法

（一）课堂表现评价

1. 参与度观察

（1）提问与回答

化学课堂上，教师精心设置一系列问题，这些问题涵盖从基础化学概念到复杂化学问题的各个层次。比如在讲解“氧化还原反应”时，教师向学生提问判断化学反应是否为氧化还原反应的方法，以此观察学生能否从化合价变化和电子转移这两个关键视角进行准确且有条理的阐述。积极举手回答问题，并且答案逻辑清晰、内容准确的学生，体现出他们对知识的扎实掌握以及积极思考的学习态度；而回答错误或从不主动参与课堂互动的学生，可能在知识理解上存在漏洞，或者学习积极性不高。

(2) 小组讨论

组织小组讨论是激发学生思维活力、培养合作交流能力的有效手段。在讨论“影响化学反应速率的因素”时，教师着重观察学生在小组中的参与情况。具体评价维度包括学生是否积极主动地发表自己的观点，能否耐心倾听他人的意见，以及面对小组内不同观点时，是否具备协调各方、达成共识的能力。例如，学生是否能够基于所学知识提出合理假设，并通过列举具体化学反应实例或运用化学理论深入分析来支撑自己的观点。同时，关注学生是否尊重其他小组成员的看法，积极推动讨论不断深入，全面探索问题的本质。

2. 专注度与态度

(1) 课堂专注情况

在课堂教学中，教师时刻留意学生的专注程度。通过观察学生的眼神是否始终聚焦在教学内容上，坐姿是否端正、专注，判断其是否认真听讲。同时，关注学生是否能紧跟教师的教学节奏，积极思考问题，是否认真记录笔记，准确记录重点知识和关键信息。当教师进行化学实验演示或展示多媒体教学资料时，观察学生能否保持高度的注意力，不错过任何重要细节。例如，在演示“金属钠与水的反应”实验时，观察学生是否全神贯注地观察实验现象，如钠在水面上的运动状态、熔化成小球的过程、溶液颜色的变化等，并及时将这些关键信息记录下来。

(2) 学习态度

关注学生对化学学科的兴趣和学习态度是课堂评价的重要内容。对化学充满浓厚兴趣的学生，通常在课堂互动中表现出较高的积极性和热情，主动参与课堂提问、小组讨论等活动，面对较难的知识点时，会展现出强烈的探索欲望；相反，态度消极的学生可能出现注意力不集中、参与度低等情况，对课堂教学内容缺乏兴趣和热情。

(二) 作业评价

1. 书面作业评价

(1) 知识掌握考查

教师布置的书面作业全面覆盖化学概念、原理、计算以及化学反应方程式书写等多个方面。以“物质的量”知识学习为例，通过作业考查学生对物质的量、摩尔质量、气体摩尔体积等核心概念的理解和运用能力，以及依据化学方程式进行物质的量计算的熟练程度。教师批改作业时，详细标注学生出现的错误类型，如因概念混淆导致的错误判断、计算过程中的失误、化学反应方程式书写不规范等，并针对每类错误给出具体、有针对性的评语，帮助学生明确错误原因，及时纠正。

(2) 思维能力评估

为深入评估学生的思维能力，教师设置具有思维挑战性的作业题目。例如，给出一个涉及多个化学反应的工业生产流程，要求学生分析各步反应的目的、原理以及物质之间的转化关系。通过学生对这类问题的解答，教师能够有效评估学生的逻辑思维能力、分析问题和解决问题的能力，以及知识的综合运用能力①。

2. 实践作业评价

(1) 实验报告评价

学生完成化学实验后，撰写实验报告是对实验过程和结果的总结与反思。评价实验报告时，重点关注实验目的阐述是否明确，实验原理解释是否准确，实验步骤记录是否完整、规范，实验数据记录与处理是否合理、科学，实验结论是否可靠且基于实验数据得出，以及误差分析是否深入、全面。以“酸碱中和滴定”实验报告为例，评估学生对滴定原理的理解程度，滴定操作步骤记录是否清晰、有条理，数据处理过程中是否正确运用计算公式和方法，以及对实验误差产生原因的分析是否能从多个角度进行探讨。

(2) 项目作业评价

布置项目式作业，如让学生探究当地水资源的化学组成与污染情况，或设计化学实验验证某一化学理论，能有效培养学生的综合能力。评价项目作业时，从项目规划、实施过程到成果展示等方面进行全面考量。考查学生是否能根据项目要求合理设计实验方案，实施过程中能否有效收集和分析数据，成果展示时是否能清晰、准确地呈现项目成果和研究结论，包括运用图表、文字等多种形式进行表达。

---

① 胡琦，陈继平．浅谈化学教学中的教学评价 [J]. 云南化工，2022(6)：176−178.

（三）实验操作评价

1. 实验前准备评价

(1) 仪器与试剂准备

实验前，观察学生能否正确选择和准备实验所需的仪器与试剂是重要的评估环节。以“配制一定物质的量浓度的溶液”实验为例，考查学生是否能根据实验要求准确选取合适规格的容量瓶、天平、玻璃棒等仪器，以及能否正确进行试剂的称量、量取等操作，确保取用的溶质和溶剂的量准确无误，操作过程符合规范要求。

(2) 实验方案理解

询问学生对实验方案的理解程度，了解其是否清楚实验目的、原理和步骤，是判断学生实验准备是否充分的关键。例如，在“探究化学反应速率的影响因素”实验前，让学生详细阐述实验中如何运用控制变量法研究不同因素（如温度、浓度、催化剂等）对反应速率的影响。根据学生的回应情况，评估其对实验设计的理解是否深入，是否能把握实验的关键要点和操作注意事项。

2. 实验过程评价

(1) 操作技能

实验过程中，观察学生的操作技能是否熟练、规范是实验操作评价的核心内容之一。例如，在“酸碱中和滴定”实验中，评价学生对滴定管的使用是否正确，包括滴定管的排气泡操作是否规范、调零是否准确、滴加溶液时的速度控制是否得当，以及滴定终点的判断是否敏锐、准确等。同时，观察学生在进行加热、搅拌、过滤、分液等其他基本实验操作时的熟练程度和规范性。

(2) 实验现象观察与记录

考查学生对实验现象的观察和记录能力也是实验过程评价的重要方面。例如，在“铜与浓硫酸反应”实验中，观察学生是否能敏锐地注意到溶液颜色的变化、气体的产生以及铜片的溶解等实验现象，并将这些现象如实、准确地记录在实验报告中。同时，关注学生是否能对实验现象进行初步分析和思考，提出合理的假设和解释。

3. 实验后整理评价

(1) 仪器清洗与归位

实验完成后，观察学生是否能正确清洗实验仪器，并将仪器归位到指定位置，是培养学生良好实验习惯的重要环节。例如，检查玻璃仪器的清洗是否干净，无残留试剂，仪器的摆放是否整齐、有序，符合实验室的管理要求。

(2) 实验台面清理

考查学生是否能清理实验台面，将剩余试剂妥善处理，保持实验室环境整洁，也是实验后整理评价的内容之一。例如，观察学生是否将废弃的化学试剂倒入指定的废液缸、是否将固体废弃物放入相应的垃圾桶，从而确保实验室环境的安全和卫生。

(四) 小组合作评价

1. 团队协作能力评价

(1) 角色分工

小组开展合作学习或项目时，观察成员之间的角色分工是否明确、合理是评估团队协作能力的重要方面。以“探究化学电池的性能”小组项目为例，考查小组是否有成员负责实验设计，从实验原理的确定到实验步骤的规划；是否有成员负责实验操作，严格按照实验方案进行实验；是否有成员负责数据记录与分析，准确记录实验数据并运用合适的方法进行分析；是否有成员负责报告撰写，将实验结果和分析过程清晰、准确地呈现出来。同时，关注各成员是否清楚自己的职责，能够积极主动地完成自己的任务。

(2) 沟通协调

评估小组成员之间的沟通交流是否顺畅，能否有效协调不同意见和观点，是衡量团队协作能力的关键。在小组讨论实验方案、分析实验结果等过程中，观察学生是否能认真倾听他人的想法、尊重他人的意见，当出现分歧时，是否能通过理性的协商、讨论达成共识。例如，在小组讨论实验方案时，对于不同的实验思路和方法，小组成员能否共同分析其优缺点，综合考虑各种因素，选择最佳方案。

2. 个人贡献评价

(1) 任务完成质量

根据小组项目的任务分配，评价每个学生完成自己负责任务的质量是个人贡献评价的重要内容。例如，在“化学物质的性质探究”小组实验中，负责某一物质性质实验探究的学生，其实验操作是否规范，实验数据是否准确可靠，对实验结果的分析是否深入、全面，能否从实验结果中得出合理的结论，这些都是评价任务完成质量的关键指标。

(2) 创新思维贡献

观察学生在小组合作中是否能提出创新性的想法和建议，为小组项目的推进提供新的思路，也是个人贡献评价的重要方面。例如，在设计化学实验改进方案时，学生提出的创新性实验装置或实验方法，是否能有效提高实验效率，改进实验效果，或者能从新的角度解决实验中遇到的问题，这些创新性的贡献都应得到充分的关注和评价。

二、化学教学过程性评价的作用

(一) 了解学生学习过程

1. 知识构建路径洞察

通过课堂表现评价中的提问与回答、小组讨论，以及作业评价中的书面作业和实践作业，教师能够清晰地了解学生在化学知识学习过程中的思维路径。例如，在学习“化学平衡”概念时，观察学生在回答关于平衡状态判断问题时的思路，是从浓度变化、速率关系还是其他角度进行思考，从而了解学生对化学平衡概念的理解和构建过程。在作业中，通过学生对化学平衡计算问题的解答步骤，分析学生对化学平衡常数、转化率等概念的运用和掌握程度，以及知识之间的关联和整合能力。

2. 技能提升轨迹追踪

实验操作评价为教师提供了追踪学生化学实验技能提升轨迹的机会。从实验前的准备，到实验过程中的操作技能展现，再到实验后的整理，每个环节都反映了学生实验技能的发展情况。例如，在多次实验操作中，观察学生对滴定管使用的熟练程度变化，从最初的操作生疏、容易出现错误，到逐渐熟练掌握滴定技巧，准确控制滴定速度和判断滴定终点，教师可以清晰地看到学生实验技能的提升过程。

(二) 发现学生学习问题

1. 知识理解误区诊断

在作业评价和课堂提问中，教师能够发现学生在化学知识理解上的误区。例如，在学习“电解质”概念时，学生可能会将一些在水溶液中能导电但本身不是电解质的物质(如二氧化碳、氨气等)误认为是电解质，通过作业中对相关概念判断问题的解答错误，教师可以准确诊断出学生的理解误区，及时进行针对性的讲解和纠正。在课堂提问中，对于学生对复杂化学原理(如氧化还原反应中的电子转移守恒原理)的错误解释，教师也能迅速发现问题所在，引导学生重新思考和理解。

2. 学习方法与习惯问题发现

课堂表现评价和小组合作评价有助于发现学生在学习方法和习惯方面的问题。例如，有些学生在课堂上总是被动接受知识，不主动思考和提问，缺乏自主学习的意识和方法；在小组合作中，部分学生缺乏团队协作精神，不愿意参与讨论和分享，或者在团队中过于依赖他人，自己不主动承担任务，这些问题都可以通过过程性评价及时发现，以便教师给予指导和帮助。

(三) 促进学生学习积极性

1. 及时反馈与鼓励

过程性评价能够给予学生及时的反馈，当学生在课堂上积极回答问题、作业完成质量高、实验操作规范或在小组合作中有出色表现时，教师及时给予肯定和表扬，这种及时的反馈能够增强学生的学习自信心和成就感。例如，在实验操作评价中，教师对学生规范的实验操作给予当场表扬，学生在后续的实验中会更加认真对待，努力保持良好的表现。

2. 目标导向与激励

通过明确的评价标准和及时的反馈，过程性评价为学生提供了清晰的学习目标导向。学生了解自己在各个学习环节中的表现与目标之间的差距，从而有针对性地努力改进。例如，在作业批改中，教师详细指出学生的优点和不足，并给出改进建议，学生能够清楚地知道自己需要在哪些方面加强学习，这种目标导向能够激励学生不断努力，提高学习成绩和学习能力。

三、利用过程性评价结果调整教学策略与提供个性化学习指导

(一) 教学策略调整

1. 教学内容优化

根据过程性评价中发现的学生知识掌握薄弱点和理解误区，教师对教学内容进行优化。例如，如果在作业评价和课堂提问中发现学生对“有机化学中同分异构体的书写”掌握较差，教师可以在后续的教学中增加相关内容的讲解和练习，设计专门的同分异构体书写训练课程，从简单的烷烃到复杂的烯烃、芳香烃，逐步引导学生掌握同分异构体的书写方法和技巧。

2. 教学方法改进

通过观察学生在课堂表现、小组合作和实验操作中的学习特点和需求，教师改进教学方法。对于抽象的化学概念，如“物质的量”，如果发现学生理解困难，教师可以采用更多的实例、类比等方法进行讲解，将抽象概念形象化。例如，将物质的量类比为生活中的“一打”概念，一打鸡蛋是12个鸡蛋，1mol物质含有阿伏伽德罗常数个微粒，帮助学生更好地理解物质的量的概念。在进行小组合作研习期间，如果发现学生合作效果不佳，教师可以调整小组分组方式，优化小组讨论流程，加强对小组合作的指导和监督。

(二) 个性化学习指导

1. 学习困难学生帮扶

对于在过程性评价中表现较差、学习存在困难的学生，教师进行个别辅导。通过分析学生在课堂表现、作业、实验操作等方面的问题，找出学生学习困难的根源，如基础知识薄弱、学习方法不当、学习态度不端正等。针对不同的问题，教师制订个性化的辅导计划。例如，对于基础知识薄弱的学生，教师从最基础的化学概念和原理开始，进行系统的辅导，帮助学生查漏补缺；对于学习方法不当的学生，教师指导学生如何做好预习、复习，如何整理笔记，如何总结归纳知识点等。

2. 学有余力学生拓展

对于在过程性评价中表现优秀、学有余力的学生，教师提供拓展性学习指导。例如，推荐一些化学学科的前沿书籍、学术论文让学生阅读，引导学生参加化学竞赛、科研项目等活动。在实施实验教学环节，为这些学生提供更具挑战性的实验项目，鼓励他们进行创新性实验探究，培养学生的科研能力和创新思维。例如，让学生探究新型电池材料的合成与性能研究，在教师的指导下，学生查阅文献、设计实验方案、进行实验操作和数据分析，拓宽学生的知识面和视野，提升学生的综合能力。

四、实施化学教学过程性评价的注意事项

(一) 评价标准的科学性与明确性

评价标准要科学合理，能够准确反映学生的学习水平和能力发展。标准要明确具体，让学生清楚了解评价的内容和要求。例如，在实施实验操作评估时，对于各种实验操作的规范要求要详细列出，如滴定管的垂直握持、滴加溶液的速度范围等，使学生知道如何操作才能达到优秀、良好、合格等不同的评价标准。同时，评价标准要根据教学目标和学生的实际情况进行动态调整，确保评价的有效性。

(二) 评价过程的客观性与公正性

教师在评价过程中要保持客观公正，避免主观偏见。评价要基于学生的实际表现，以事实为依据。例如，在课堂表现评价中，不能因为对某个学生的个人喜好而影响评价结果，要根据学生的实际参与度、回答问题的质量等客观因素进行评价。在小组合作评价中，要对每个小组成员的贡献进行客观评估，避免出现因小组整体表现好而忽视个别成员贡献不足，或因小组整体表现差而否定个别成员积极努力的情况。

(三) 评价结果的保密性与建设性

评价结果要注意保密性，尊重学生的隐私，避免在公开场合公布学生的具体分数或排名，以免给学生带来心理压力。评价结果的反馈要具有建

设性，不仅要指出学生的问题和不足，更要提供具体的改进建议和方法。例如，在作业评语中，不能只简单地标注错误，还要详细说明错误的原因，并给出正确的解题思路和方法，帮助学生真正理解和掌握知识。

第二节　基于评价结果改进化学教学的策略

在化学教学体系中，评价与反馈是紧密相连的关键环节。评价结果不仅是对学生学习成果的阶段性总结，更是教师洞察教学过程、发现问题、优化教学策略的重要依据。通过科学、深入地分析评价结果，教师能够精准定位教学中存在的问题，进而有针对性地调整教学内容、改进教学方法、加强个别辅导，以实现教学质量的提升和学生化学素养的全面发展。

一、评价结果的数据分析

（一）成绩分布分析

1. 绘制成绩分布图

成绩分布分析是了解学生整体学习水平的基础。教师可以通过统计学生的考试成绩，绘制成绩分布图，常见的有柱状图、折线图或正态分布图。以某次化学考试为例，将成绩按照一定的分数段进行划分，如0～20分、21～40分、41～60分、61～80分、81～100分等，统计每个分数段的学生人数，然后绘制柱状图。从柱状图中，教师可以直观地看出学生成绩在各个分数段的分布情况，了解成绩的集中趋势和离散程度。

2. 分析成绩分布特征

如果成绩分布呈现正态分布，即大部分学生的成绩集中在中间分数段，高分段和低分段学生人数相对较少，说明教学效果较为理想，学生的学习水平较为均衡。然而，如果成绩分布出现偏态，如高分段学生人数过少，低分段学生人数过多，可能意味着教学内容难度过高，或者教学方法不适合大部分学生；反之，如果低分段学生人数过少，高分段学生人数过多，可能是教学内容过于简单，无法满足学生的学习需求。通过对成绩分布特征的分析，教师可以初步判断教学过程中存在的问题。

(二) 试题难度和区分度分析

1. 试题难度分析

试题难度是指试题的难易程度，通常用难度系数来表示。难度系数的计算公式为：$P=X/W$，其中 P 为难度系数，X 为考生在该题的平均得分，W 为该题的满分值。难度系数越大，说明试题越容易；难度系数越小，说明试题越难。一般认为，难度系数在 0.7 以上的试题为容易题，0.4 ~ 0.7 之间的为中等难度题，0.4 以下的为难题。教师可以通过计算每道试题的难度系数，了解试题的难易程度分布情况。例如，在一份化学试卷中，如果大部分试题的难度系数在 0.4 以下，说明试卷整体难度较大，学生可能在解题过程中遇到较多困难，这可能导致学生的成绩普遍较低，影响学生的学习积极性。

2. 试题区分度分析

试题区分度是指试题对不同水平学生的区分能力，它反映了试题的有效性。区分度高的试题能够有效区分成绩优秀和成绩较差的学生，而区分度低的试题则难以实现这一目标。区分度的计算方法有多种，常用的是相关系数法，即计算学生在该题的得分与总分之间的相关系数。相关系数越高，说明区分度越好。例如，一道区分度高的化学推断题，成绩优秀的学生能够凭借扎实的知识和较强的思维能力正确解答，而成绩较差的学生则难以找到解题思路，从而拉开了不同水平学生之间的差距。教师通过分析试题的区分度，可以判断试题是否能够准确反映学生的学习水平，对于区分度低的试题，需要反思其命题质量和考查内容是否合理。

(三) 知识点得分率分析

1. 统计各知识点得分率

除了分析整体成绩和试题难度、区分度外，教师还需要对试卷中涉及的各个知识点的得分率进行统计。将试卷中的题目按照知识点进行分类，统计学生在每个知识点上的平均得分，然后计算得分率。例如，在一份考查化学平衡的试卷中，将涉及化学平衡概念、化学平衡常数计算、化学平衡移动原理等知识点的题目分别归类，统计学生在这些知识点上的得分情况。通过计算得分率，教师可以清楚地了解学生对不同知识点的掌握程度。

2. 找出学生的知识薄弱点

得分率较低的知识点通常是学生的知识薄弱点。例如，如果学生在化学平衡常数计算这一知识点上的得分率仅为30%，说明大部分学生对这一知识点的理解和应用存在较大困难。教师可以进一步分析学生在该知识点上的错误类型，是概念理解不清，还是计算方法错误，从而有针对性地进行教学改进。同时，对于得分率较高的知识点，教师也不能忽视，要思考如何进一步拓展学生的思维，提升学生的应用能力[①]。

二、根据评价结果发现教学中存在的问题

（一）教学内容的重难点把握

1. 重难点知识的得分情况分析

通过对评价结果中重难点知识的得分情况进行分析，教师可以判断自己对教学内容重难点的把握是否准确。如果学生在教学过程中重点强调的知识点上得分率较低，可能是教师在教学过程中对该知识点的讲解不够深入、透彻，或者教学方法不当，导致学生理解困难。例如，在讲解“氧化还原反应”这一重点内容时，如果学生在涉及氧化还原反应的概念判断、电子转移分析等题目上得分率不高，教师就需要反思自己的教学方法，是否没有引导学生深入理解氧化还原反应的本质。

2. 教学内容的深度和广度问题

评价结果还可以反映教学内容的深度和广度是否合适。如果学生在一些拓展性、综合性较强的题目上得分率极低，可能是教学内容的深度不够，没有满足学生进一步提升的需求；反之，如果学生在基础知识的题目上也频繁出错，可能是教学内容的广度不足，学生对基础知识的掌握不够扎实。例如，在有机化学的教学中，如果学生在涉及有机合成路线设计的题目上毫无头绪，得分率几乎为零，教师就需要考虑是否在教学过程中对有机合成的相关知识讲解不够深入，没有引导学生构建完整的有机化学知识体系。

① 申明金，陈莲惠，钱兴灿，等.基于集对分析的物理化学实验教学评价研究[J].云南化工，2024(10)：193-197.

(二) 教学方法的有效性

1. 不同教学方法对应的成绩差异

教师在教学过程中可能采用多种教学方法，如讲授法、讨论法、探究法、实验法等。通过对评价结果的分析，教师可以观察不同教学方法对应的学生成绩差异。例如，在学习“化学反应速率的影响因素”时，教师采用了探究式教学法，让学生通过实验探究来总结影响因素。如果在评价中，采用探究式教学法班级的学生在相关题目上的得分明显高于采用传统讲授法班级的学生，说明探究式教学法在这一知识点的教学中更有效，能够更好地激发学生的学习兴趣和主动性，提高学生的学习效果。

2. 学生对教学方法的适应情况

评价结果还能反映学生对教学方法的适应程度。如果学生在课堂上表现出积极参与、思维活跃，但在评价中成绩却不理想，可能是学生虽然对某种教学方法感兴趣，但并没有真正掌握知识，或者教学方法与评价方式不匹配。例如，在采用小组合作学习法进行教学时，学生在小组讨论中表现积极，但在考试中涉及小组合作学习内容的题目得分较低，教师就需要思考如何引导学生将小组合作学习中的成果转化为个人的知识和能力，以及如何调整评价方式，使其更能准确反映学生在小组合作学习中的收获。

(三) 学生学习的薄弱环节

1. 知识掌握的薄弱环节

通过知识点得分率分析，教师可以明确学生在知识掌握方面的薄弱环节。除了前面提到的化学平衡常数计算、有机合成路线设计等知识点外，还可能包括化学用语的规范书写、元素化合物性质的记忆等。例如，学生在化学方程式的书写上经常出现配平错误、条件标注不清等问题，说明学生在化学用语这一基础知识上存在薄弱环节，教师需要加强对化学用语书写规范的教学和训练。

2. 学习能力和思维方式的不足

评价结果还能反映学生在学习能力和思维方式上的不足。例如，在实验探究题和综合分析题中，学生表现出实验设计不合理、数据分析能力差、逻辑思维混乱等问题，说明学生在科学探究能力、逻辑思维能力等方面有待提高。教师需要在教学过程中注重培养学生的这些能力，引导学生学会提出问题、设计实验、分析数据、得出结论，提高学生的思维品质。

三、基于评价结果改进教学的策略

（一）调整教学内容

1. 强化重难点知识的教学

对于学生得分率较低的重难点知识，教师要重新审视教学内容和教学方法，加强教学力度。可以采用多种教学手段，如利用多媒体资源，将抽象的知识形象化；引入实际生活案例，帮助学生理解；增加练习题的数量和难度，进行针对性的强化训练。例如，在讲解“电解质溶液”中的“盐类水解”这一重难点知识时，教师可以通过动画演示盐类水解的微观过程，让学生直观地理解盐类水解的本质；同时，列举生活中常见的盐类水解现象，如泡沫灭火器的工作原理、明矾净水的原理等，加深学生的理解；然后，布置一些关于盐类水解方程式书写、水解平衡移动分析的练习题，让学生在练习中巩固知识。

2. 优化教学内容的深度和广度

根据评价结果中反映出的教学内容深度和广度问题，教师要进行相应的调整。对于教学内容深度不够的部分，教师可以补充一些拓展性的知识和案例，引导学生进行深入思考和探究。例如，在讲解“化学反应原理”时，可以引入一些化学前沿研究成果，如新型电池的研发原理，让学生了解化学反应原理在实际应用中的最新进展；对于教学内容广度不足的部分，教师要加强基础知识的教学，确保学生对基础知识的掌握扎实。例如，在元素化合物的教学中，增加一些常见元素化合物的性质和用途的讲解，让学生构建更完整的知识框架。

（二）改进教学方法

1. 选择合适的教学方法

根据不同的教学内容和学生的学习特点，选择合适的教学方法。面对具有抽象性的化学概念及原理，可以采用讲授法，结合实例进行详细讲解。

对于实验性较强的内容，采用实验法，让学生亲身体验实验过程，培养学生的实践能力和观察能力；对于需要培养学生思维能力和合作能力的内容，采用探究法或小组合作学习法，激发学生的学习兴趣和主动性。例如，在讲解“物质的量”这一抽象概念时，采用讲授法，通过形象的比喻和大量的实例，帮助学生理解物质的量的概念和应用；在学习“氯气的性质”时采用实验法让学生通过实验观察氯气的颜色、气味、化学性质等，加深对知识的理解；在探究“影响化学反应速率的因素”时，采用探究法，让学生自主设计实验、进行实验探究，培养学生的科学探究能力。

2. 创新教学方法

除了选择合适的传统教学方法外，教师还可以创新教学方法，采用一些新的教学模式和技术。例如，利用在线教学平台，开展线上线下混合式教学，为学生提供更多的学习资源和学习机会；引入项目式学习，让学生通过完成一个具体的化学项目，综合运用所学知识，提高学生的综合能力和创新能力。例如，组织学生开展“探究当地土壤的酸碱度及改良方法”的项目式学习，学生需要运用化学知识进行土壤采样、酸碱度测定、分析土壤成分，并提出改良方案，在项目推进期间，学生的实践能力、创新能力和团队协作能力都得到了锻炼。

（三）加强个别辅导

1. 针对学习困难学生的辅导

对于在评价中成绩较差、学习存在困难的学生，教师要给予特别关注，进行个别辅导。通过与学生的交流和沟通，了解学生学习困难的原因，是基础知识薄弱，还是学习方法不当，或者是学习态度不端正。针对不同的原因，制订个性化的辅导计划。例如，针对那些基础知识掌握欠佳的学生，从最基础的化学概念和原理开始开展系统性辅导，助力学生完善知识体系；针对学习方法有误的学生，指导学生如何做好预习、复习，如何总结归纳知识点等；针对学习态度不端正的学生，加强思想教育，激发学生的学习动力。

2. 对学有余力学生的拓展

对于在评价中成绩优秀、学有余力的学生，教师要为他们提供拓展性的学习机会，满足他们的学习需求，进一步挖掘他们的学习潜力。可以推荐一些化学学科的前沿书籍、学术论文让学生阅读。例如，推荐学生阅读《化学简史》《化学与人类文明》等书籍，拓宽学生的知识面；组织学生参加化学奥林匹克竞赛，通过竞赛培训，提高学生的化学思维能力和解题能力；引导学生参与一些简单的化学科研项目，如“探究某种植物中有效成分的提取和分析”，培养学生的科研兴趣和实践能力。

（四）完善评价体系

1. 调整评价内容和方式

根据评价结果反映出的问题，教师要对评价内容和方式进行调整。在评价内容上，要更加注重对学生综合能力和核心素养的考查，增加实验探究题、实际问题解决题等题型的比例，减少死记硬背的题目。在评价方式上，采用多元化的评价方式，除了纸笔测试外，增加实验操作考核、课堂表现评价、作业评价、小组项目评价等，全面、客观地评价学生的学习情况。例如，在评价学生对“化学平衡”的学习时，除了传统的纸笔测试外，增加实验操作考核，让学生设计并进行一个与化学平衡相关的实验，考查学生的实验设计能力、操作能力和对知识的应用能力；同时，通过课堂表现评价，观察学生在课堂讨论、小组合作学习中的表现，评价学生的思维能力和合作能力。

2. 加强形成性评价

形成性评价是在教学过程中对学生的学习过程和学习进展进行的评价，它能够及时反馈学生的学习情况，帮助教师调整教学策略。教师要加强形成性评价，增加评价的频率，及时发现学生在学习过程中出现的问题，并给予指导和帮助。例如，在开展课堂授课时，通过提问、小组讨论、课堂练习等方式，及时了解学生对知识的掌握情况；在作业批改中，不仅要给出成绩，还要详细指出学生的问题和不足，并给予针对性的建议；定期组织阶段性测验，对学生一段时间内的学习成果进行总结和评价，为后续教学提供参考。

第八章　医学院校医用基础化学教学研究

第一节　医用基础化学理论授课方式与技巧

医用基础化学作为医学院校的重要基础课程，为医学生后续的专业课程学习以及未来的医学实践奠定了关键的化学知识与技能基础。其理论授课的质量直接影响着学生对化学知识的掌握程度，进而关联到他们对医学相关知识的理解与应用。有效的理论授课方式能够激发学生的学习兴趣，帮助学生构建系统的知识体系，培养其科学思维与解决实际问题的能力。因此，深入探究医用基础化学理论授课方式与技巧具有重要的现实意义。

一、医用基础化学理论授课的重要性

（一）为医学专业课程学习奠定基石

医用基础化学是一座连接基础科学与医学专业知识的桥梁，其涵盖的基本概念、原理和方法，是医学生开启医学专业课程大门的钥匙。在生物化学领域，蛋白质、核酸等生物大分子宛如精密的生命机器，它们复杂的结构与多样的功能，是生命活动的基础。然而要深入理解这些，有机化学中关于化学键、分子结构的知识便是不可或缺的基石。蛋白质中的肽键连接方式、核酸的碱基配对原则，都与有机化学的基础理论紧密相连。就像一座大厦，没有稳固的根基便无法矗立，医学生若缺乏这些化学知识，在面对生物化学中复杂的分子机制时，就如同在黑暗中摸索，难以找到方向。

在药理学中，药物的研发、作用机制以及代谢过程，是保障人类健康的关键环节。这一系列研究都离不开化学动力学、化学热力学等基础化学理论的支持。化学动力学能帮助我们了解药物在体内的吸收、分布、代谢和排泄速率，从而优化药物的剂型和给药方案；而化学热力学则可用于解释药物与靶点

之间的相互作用，揭示药物发挥疗效的本质。例如，一种新型降压药的研发，需要运用化学动力学来确定药物在体内的起效时间和作用持续时间，通过化学热力学来探究药物与血管紧张素受体的结合力，从而确保药物的有效性和安全性。扎实的医用基础化学理论学习，能让医学生在面对这些复杂的医学知识时，轻松理解其中的奥秘，为后续专业课程的学习打下坚实的基础。

（二）培育学生的科学思维与方法

在医用基础化学理论教学里，传授知识只是一部分，更重要的是培养学生的科学思维与方法。化学理论知识的学习过程就像一场充满挑战的思维冒险，学生需要运用逻辑推理、归纳总结、演绎分析等思维方式去探索化学原理背后的奥秘，解决各式各样的化学问题。

就拿化学平衡理论来说，它就像一个极其精密的天平，温度、压强、浓度这些因素就如同天平两端的砝码，只要其中任何一个因素有所变动就可能打破原本的平衡状态。学生在学习时要像侦探破案一样仔细分析每个因素对化学平衡的影响，然后运用逻辑推理，判断平衡到底会向哪个方向移动。在这个过程中学生的逻辑思维能力将会得到很好的锻炼，并逐渐学会在复杂的化学现象里找到规律，做出合理的判断。

学习氧化还原反应的时候，学生又得像分类学家一样去归纳总结不同类型氧化还原反应的特点和规律，比如思考是依据元素化合价的升降还是电子的转移来判断一个反应是不是氧化还原反应，还要研究不同的氧化剂和还原剂在反应中会有怎样的表现。通过对这些问题的深入思考和总结，学生的归纳总结能力将会得到显著提升。

这些科学思维与方法的培养对学生来说意义重大，就像给他们插上了翅膀，让他们在以后的医学学习和研究中能够独立思考遇到的问题，深入分析问题的本质并且提出有效的解决办法。不管是在临床诊断时分析患者的病情变化，还是在医学研究中探索疾病的发病机制和治疗方法，这些思维能力都能发挥关键作用。

（三）提升学生的实践能力与创新意识

医用基础化学理论和医学实践的关系极为紧密，二者相互依存，就如同鱼离不开水，水也不能没有鱼一样，学生在理论授课过程中能切实体会到化学知识在医学领域有着极为广泛的应用，这种认知会极大地激发他们的学习兴趣，进而提升自身的实践能力。

化学分析技术在临床检验中占据着重要地位，它就如同医生的得力助手，帮助医生精准地掌握患者的身体状况。医护人员在实际操作中会对血液、尿液等样本进行化学分析，测定其中各种物质的含量，比如血糖、血脂的数值以及反映肝肾功能的各项指标等，这些检测数据能为医生诊断疾病、制定治疗方案提供关键依据，对患者的治疗和康复有着至关重要的意义。

药物合成里的化学原理更是新药研发的核心所在，从最初构思药物分子的结构设计到筛选合适的合成路线，再到药物的纯化处理以及严格的质量把控，每一个环节都离不开化学知识的有力支撑。可以说，没有化学原理的指导，新药研发将寸步难行。

在进行理论授课时鼓励学生深入思考化学知识，引导他们提出创新性的问题并寻求解决方案，这是培养学生创新意识的关键所在。举个例子，学生在学习药物合成相关知识时可能会思考怎样优化现有的合成路线，从而提高药物的产出率，同时提升药物的纯度，让药物的质量更有保障。然而在了解化学分析技术后，他们或许会大胆设想开发一种更为快速、精准的检测方法，以便能更高效地为临床诊断服务。这些充满创新性的思考，虽然看似只是学生脑海中的一个个想法，但实际上却为他们未来在医学领域开展创新研究奠定了坚实基础，也会成为推动医学科学持续进步的重要力量。

二、常用的医用基础化学理论授课方式

（一）讲授法

1. 讲授法的特点与优势

讲授法是最传统也是最常用的授课方式之一，它以教师的讲解为主要形式，系统地向学生传授知识。讲授法的优点在于能够在有限的时间内传递大量的信息，教师可以按照教学大纲和教学计划，有条不紊地讲解医用基础化学的基本概念、原理和理论。例如，在讲解“物质的量”这一抽象概念时，教师可以通过详细的讲解，结合实例和类比，帮助学生理解物质的量的定

义、单位以及与其他物理量之间的关系。讲授法还能够保证知识传授的准确性和系统性，教师可以对重点和难点内容进行深入剖析，引导学生逐步掌握知识。

2. 讲授法的应用场景与注意事项

讲授法适用于介绍新的知识体系、讲解复杂的理论概念以及对重难点内容的深入分析。在应用讲授法时，教师要注意语言表达的清晰性和准确性，避免使用过于专业或生僻的词汇，确保学生能够理解。同时，要关注学生的课堂反应，及时调整讲解的节奏和方式。为了提高讲授法的效果，教师可以结合板书、多媒体等教学手段，增强教学的直观性。例如，在讲解“化学反应速率”时，教师可以通过板书推导化学反应速率的计算公式，同时利用多媒体展示不同化学反应速率的实验视频，帮助学生更好地理解。

（二）讨论法

1. 讨论法的特点与优势

讨论法是一种以学生为主体的授课方式，它通过组织学生对特定的问题进行讨论，激发学生的思维，促进学生之间的交流与合作。讨论法的优点在于能够充分调动学生的学习积极性，提高学生的参与度。在讨论过程中，学生可以发表自己的观点和看法，倾听他人的意见，从而拓宽思维视野，培养批判性思维和团队协作能力。例如，在学习“酸碱平衡”时，教师可以提出问题“人体血液中的酸碱平衡是如何维持的？如果酸碱平衡失调会对人体健康产生哪些影响？”引导学生进行讨论。学生通过查阅资料、分析讨论，不仅能够深入理解酸碱平衡的原理，还能将化学知识与医学实际相结合，提高知识的应用能力。

2. 讨论法的组织与实施要点

在组织讨论法时，教师首先要选择合适的讨论主题，主题应具有一定的启发性和争议性，能够激发学生的兴趣和思考。其次要合理分组，确保每个小组的成员都能够积极参与讨论。教师要在讨论过程中发挥引导作用，鼓励学生积极发言，引导学生围绕主题进行深入讨论，避免讨论偏离方向。讨论结束后，教师要进行总结和点评，对学生的观点进行梳理和评价，帮助学生深化对知识的理解①。

(三) 问题导向学习（PBL）教学法

1. PBL 教学法的特点与优势

PBL 教学法以问题为导向，以学生为中心，强调学生在解决实际问题的过程中学习知识和培养能力。PBL 教学法的优点在于能够将理论知识与实际应用紧密结合，提高学生的学习兴趣和主动性。通过解决真实情境中的问题，学生能够更好地理解知识的应用价值，培养解决问题的能力和创新思维。例如，在学习“药物合成”时，教师可以给出一个实际的药物合成案例，让学生分析药物的结构、合成路线以及可能遇到的问题，然后组织学生通过查阅资料、小组讨论等方式，提出解决方案。在整个项目推进期间，学生不仅能够学习到药物合成的相关知识，还能锻炼自己的实践能力和团队协作能力。

2. PBL 教学法的实施步骤与关键环节

PBL 教学法的实施通常包括问题提出、小组组建、自主学习、小组讨论、成果展示和总结评价等步骤。在问题提出环节，教师要设计具有挑战性和启发性的问题，问题应紧密围绕教学目标和教学内容，同时要与医学实际相结合。在小组组建时，要合理分配小组成员，确保小组具有多样性和互补性。在自主学习和小组讨论环节，教师要给予学生足够的时间和空间，引导学生自主查阅资料、分析问题、提出解决方案。在成果展示和总结评价环节，学生要展示自己的学习成果，教师要对学生的表现进行评价和反馈，帮助学生总结经验教训。

(四) 案例教学法

1. 案例教学法的特点与优势

案例教学法，是一种行之有效的教学手段，它通过引入真实发生的实际案例，让学生在剖析和解决案例问题的过程中，自然而然地学习知识、提升能力。这种教学方法最大的亮点在于能把抽象、晦涩的理论知识，转化为

---

① 朱丽珺，赵广东，张乐，等.《医用化学》课程设计与应用研究 [J]. 产业与科技论坛，2024(16)：160-163.

具体、生动的实际场景，让学生理解起来更加轻松，接受得也更快。

在案例分析的过程中，学生不再是单纯地死记硬背知识，而是要把学到的化学知识灵活运用到实际情境里，这大大提高了他们对知识的应用能力，以及解决实际问题的能力。以学习“化学分析方法”为例，教师可以引入一个临床检验中的真实案例：在对患者血液进行检测时，需要测定其中某种物质的含量。这时，教师引导学生去思考应该采用哪种分析方法、具体的实验步骤是什么，以及实验过程中可能会出现哪些误差等问题。通过这样的案例学习，学生不仅能深入理解化学分析方法的原理和应用，还能真切地感受到化学分析在医学领域的重要价值。

2. 案例的选择与教学实施要点

挑选合适的案例是案例教学成功的关键一步，所选案例必须具备真实性、典型性和相关性，案例要取材于真实的医学场景，只有真实发生过的案例才能让学生感受到知识与实际的紧密联系，同时它还得具有代表性，能够集中体现教学内容的重点和难点，让学生通过一个案例就能掌握多个重要知识点。案例的难度要与学生的认知水平相匹配，如果案例过于复杂会让学生望而生畏，打击他们的学习积极性；而过于简单的案例又无法达到锻炼学生思维和能力的目的。

在教学实施过程中，教师的引导作用至关重要，教师要引导学生对案例进行深入挖掘和分析，鼓励学生大胆提出自己的疑问并尝试寻找解决方案。在学生分析案例的过程中，教师要适时地给予指导和提示，帮助学生梳理思路，找到解决问题的方向，逐步提高他们分析问题的能力。当案例分析结束后，教师要进行全面的总结和归纳，把案例中涉及的知识点与教学大纲中的内容有机结合起来，再次强化学生对知识的理解，让学生真正把知识学懂、学透。

三、医用基础化学理论授课技巧

（一）课程导入技巧

1. 故事导入法

故事导入法宛如一把神奇的钥匙，能够轻松开启学生的学习兴趣之门。

通过讲述有趣的化学故事或历史事件，可迅速吸引学生的注意力，将他们带入充满奥秘的化学知识殿堂。

以讲解“元素周期律”为例，教师生动地讲述门捷列夫发现元素周期律的传奇故事。门捷列夫在当时化学元素研究较为零散的情况下，怀着对科学规律的执着追求，全身心投入对大量化学元素的研究和总结中。他反复地对元素的各种性质，如原子量、化学性质等进行梳理和比对。在其研究的过程中，门捷列夫反复试验不同的排列手段，就像在黑暗中摸索一条未知的道路。终于，在无数次的尝试与思考后，他敏锐地发现了元素之间的规律，成功编制出元素周期表。这个故事不仅仅是一段科学发现的历程，更像是一场充满挑战与惊喜的冒险。它能极大地激发学生的学习兴趣，让学生仿佛穿越时空，与伟大的科学家一同探索未知。同时，学生在聆听故事的过程中，能够深入了解科学发现并非一蹴而就，而是需要科学家们付出大量的时间、精力，具备坚韧不拔的毅力和敏锐的洞察力。这有助于培养学生的科学精神，激励他们在今后的学习和研究中，勇于面对困难，不断追求真理。

2. 生活实例导入法

生活实例导入法是一种将化学知识与学生日常生活巧妙融合的教学方法，它通过引入生活中常见的化学现象或问题引发学生的好奇心，促使他们主动思考，进而自然流畅地导入课程内容。

以“化学反应热”的教学为例，教师可以提出这样一个贴近生活的问题：“冬天大家都爱用热水袋取暖，那你们想过热水袋里的物质发生了什么变化，才让我们暖和起来吗？”热水袋是学生们在寒冷的冬天常用的取暖工具，这个问题一下子就拉近了化学知识与学生生活的距离。虽然学生们经常使用热水袋，却很少有人从化学原理的角度去探究，此时教师适时引导学生思考：热水袋中的物质一般是过饱和溶液，当按压里面的金属片时，溶液受到外界刺激就会发生结晶现象，而这个结晶过程会释放出热量。

通过对这个生活实例的深入探讨，学生们能深刻地体会到化学知识并非高高在上、遥不可及，而是与日常生活息息相关，在生活的各个方面都有实际应用。这种感受会极大地激发学生学习“化学反应热”的兴趣，让他们更积极主动地去探索化学反应中能量变化背后的奥秘，为后续的课程学习奠定良好的基础。

（二）语言表达技巧

1. 语言的准确性与简洁性

教师在医用基础化学授课过程中，语言的准确性与简洁性至关重要。准确、规范地使用化学术语和语言，是确保知识传递无误的基础。化学学科具有严谨的科学性，每一个术语都有其特定的内涵和外延，若使用模糊或错误的表述，极易导致学生对知识的误解。

例如在讲解“化学键”时，教师必须精准地阐述离子键、共价键、金属键等概念的定义和特点。离子键是通过阴阳离子之间的静电作用形成的，教师要明确指出这种静电作用既包含静电引力，也包含电子与电子、原子核与原子核之间的静电斥力，当引力和斥力达到平衡时，形成稳定的离子键。在解释共价键时，要准确说明是原子间通过共用电子对所形成的相互作用，强调共用电子对的偏移情况决定了共价键的极性。对于金属键，要清晰地表述为金属阳离子和自由电子之间的强烈相互作用。同时，语言要简洁明了，避免冗长和复杂的句子结构。在解释化学键的形成过程和本质时，用简洁的语言说明离子键是由于原子得失电子形成阴阳离子后相互吸引而形成，共价键是原子为了达到稳定结构而共享电子，金属键则是金属原子失去部分电子形成金属阳离子，自由电子在整个金属晶体中自由移动，将金属阳离子紧紧维系在一起。这样，学生能够清晰地理解教师的讲解，准确把握知识要点。

2. 语言的生动性与趣味性

为了让枯燥的化学知识变得生动有趣，提高学生的学习兴趣，教师可巧妙运用生动、形象、有趣的语言进行授课。

以讲解“分子间作用力”为例，教师将分子间作用力比喻为人与人之间的吸引力，这种类比生动形象。分子之间的距离就如同人与人之间的距离，当分子间距离合适时，分子间作用力较强，恰似人与人之间关系亲密，彼此相互吸引、相互影响。比如在液态水中，水分子之间距离较近，分子间作用力使得水分子能够聚集在一起，形成液体形态；而当分子间距离过大时，分子间作用力减弱，就像人与人之间关系疏远，彼此的联系变得微弱。例如在水蒸气中，水分子之间距离很远，分子间作用力极小，水分子可以自由运动，所以水蒸气表现出气体的特性。通过这种生动的比喻，将抽象的分子间作用力概念转化为学生易于理解的生活场景，帮助学生轻松跨越理解障碍，更好地掌握这一抽象的化学知识。

3. 语速与语调的控制

教师在授课过程中，对语速和语调的精准控制能够有效调节课堂氛围，提高教学效果。

语速不宜过快，否则学生的思维难以跟上教师的节奏，导致部分学生对知识一知半解，逐渐失去学习的信心和兴趣。但语速也不宜过慢，过慢的语速会使课堂节奏拖沓，让学生感到枯燥乏味，注意力难以集中。同时，要巧妙运用语调的变化来强调重点和难点内容。在讲解重点内容时，教师可以适当放慢语速，提高语调，就像在黑暗中点亮一盏明灯，引起学生的高度重视。例如在讲解“化学平衡移动原理”这一重点内容时，教师放慢语速、加重语气，强调浓度、温度、压强等因素对化学平衡移动的影响规律，让学生清晰地记住关键知识点。在讲解难点内容时，教师可以重复关键语句，通过语调的变化加深学生的印象。比如在讲解“量子力学对原子结构的描述”这一难点时，对于一些关键概念，如波函数、能级等，教师重复讲解，并通过语调的抑扬顿挫，突出这些概念的重要性，帮助学生更好地理解和记忆。

（三）多媒体运用技巧

1. 合理选择多媒体素材

多媒体素材丰富多样，包括图片、动画、视频等，教师应根据教学内容和教学目标，精心挑选合适的多媒体素材。

在讲解“原子结构”时，由于原子结构极为微观和抽象，仅凭教师的口头讲解和传统的板书，学生很难形成直观的认识。此时，选择原子结构的动画素材便极为恰当。通过动画，能够清晰地展示原子中原子核、电子云等的结构和运动状态。原子核位于原子中心，由质子和中子紧密结合而成，动画可以生动地呈现出质子和中子的排列方式。电子云则是以一种动态的形式展示电子在原子核外空间出现的概率分布情况，让学生直观地理解电子并非像行星绕太阳那样有固定的轨道，而是在一定区域内随机出现。在讲解“化学反应历程”时，选择相关的视频素材能让学生更清晰地了解化学反应的本质。视频可以展示化学反应中分子的碰撞、化学键的断裂与形成过程，使学生直观地看到反应物分子如何通过有效碰撞、旧化学键断裂、原子重新组合形成新的化学键，进而生成产物，极大地加深学生对化学反应微观过程的理解。

2. 多媒体与传统教学手段的结合

多媒体教学虽然具有直观、形象等诸多优点，但并不能完全替代传统教学手段。将多媒体与板书、讲解等传统教学手段有机结合，能够发挥各自的优势，提高教学质量。

例如在讲解“化学平衡常数的计算”时，教师先用多媒体展示化学平衡常数的计算公式和相关例题，利用多媒体的便捷性和直观性，快速呈现大量信息，让学生对计算的基本公式和常见题型有初步的认识。然后通过板书详细推导计算过程，在板书中，教师可以一步一步地书写计算步骤，详细解释每一步的依据和原理，同时进行讲解。这样，学生既能通过多媒体快速获取信息，又能通过板书的详细推导，深入理解计算原理和方法，将抽象的计算过程可视化，加深学生对知识的理解和记忆。

3. 多媒体展示的时机与方式

教师在教学过程中运用多媒体辅助教学时，把握展示的时机与方式十分关键。在利用多媒体展示素材之前，教师一定要做好周全的准备工作，这包括提前检查设备是否正常运行，确认素材是否完整且能流畅播放，防止出现技术故障或播放卡顿的情况，以免影响正常的教学节奏和效果。

展示多媒体素材时要紧密结合教学内容以及学生在课堂上的实时反应。如果展示时间过早，学生可能会被多媒体的内容吸引，在后续教师讲解知识点时难以把注意力收回来，分散了学习的专注度；而展示过晚的话，又无法及时帮助学生理解那些抽象或难以理解的关键知识点，无法发挥多媒体辅助教学的最大价值。

在展示多媒体素材的过程中，教师的引导也至关重要，教师要积极引导学生关注素材里的关键信息，避免学生只是单纯地被画面的表面内容吸引，而忽略了对知识的学习。例如，在展示原子结构动画时，教师应着重引导学生观察原子核与电子云的关系以及电子云的形状和分布特点这些关键信息；在播放化学反应历程视频时提醒学生留意分子碰撞的条件，以及化学键变化瞬间的重要细节。只有这样才能充分发挥多媒体素材的作用，让其更好地为教学服务，帮助学生更高效地学习知识。

(四) 课堂互动技巧

1. 提问技巧

提问是课堂互动的重要方式之一，教师掌握好提问技巧，能够有效激发学生的思维，促进课堂交流。

提问要具有针对性，问题需紧密围绕教学重点和难点展开，能够引导学生深入思考和积极讨论。例如在讲解“氧化还原反应”时，教师提问“氧化还原反应的本质是什么？如何判断一个化学反应是否为氧化还原反应？”这两个问题直击氧化还原反应的核心内容，促使学生回顾所学知识，深入思考氧化还原反应中电子转移这一本质特征，以及通过化合价升降来判断反应类型的方法。提问要面向全体学生，避免只提问少数优秀学生，要为每个学生提供平等的回答问题机会。教师可以采用多样化的提问方式，如随机点名、小组轮流回答等，让每个学生都时刻保持专注，积极思考问题。提问的难度要适中，既不能过于简单，让学生觉得毫无挑战性，无法激发思维；也不能过于复杂，使学生望而生畏，丧失回答问题的信心。适中的问题能够激发学生的思维，让他们在思考和回答问题的过程中，巩固所学知识，提高思维能力。

2. 小组讨论组织技巧

教师要明确讨论的主题和要求，确保每个学生都清楚知道讨论的方向和目标。同时合理分组也至关重要，要充分考虑学生的学习能力、性格特点等因素，使每个小组都具有一定的多样性和互补性，这样能够促进学生之间的交流与合作。例如，将学习成绩较好、思维活跃的学生与学习相对困难、较为内向的学生分在一组，成绩好的学生可以带动其他学生思考，内向的学生也能在小组氛围中逐渐活跃起来。

教师要在讨论过程中积极巡视各小组，及时给予指导和帮助。当小组讨论出现偏离主题的情况时，教师要巧妙引导，将讨论拉回正轨；当学生遇到思维瓶颈时，教师可以适当提示，启发学生的思路。营造宽松的讨论氛围，让每个学生都能毫无顾虑地表达自己的观点。讨论完成后，教师要组织各小组进行汇报和交流，让每个小组都有机会展示讨论成果。在各小组汇报后，教师要对学生的讨论成果进行客观、全面的评价和总结，肯定学生的优点和创新之处，同时指出存在的问题和不足，帮助学生进一步深化对知识的理解。

3. 鼓励学生提问与质疑技巧

教师要着力营造宽松、民主的课堂氛围，鼓励学生积极提问和大胆质疑。当学生提出问题时，教师要认真倾听，给予积极的回应和解答。无论是简单的问题还是复杂的疑问，教师都要以耐心和热情对待，让学生感受到自己的问题受到重视。对于学生的质疑，教师要引导学生进行深入思考和讨论，鼓励学生发表自己独特的观点和看法，培养学生的批判性思维和创新意识。

比如在讲解“酸碱理论”时，学生可能对不同的酸碱理论提出质疑，如为什么会有多种酸碱理论，它们各自的局限性是什么。教师可以引导学生对比不同酸碱理论的优缺点，分析其适用范围。像阿伦尼乌斯酸碱理论，在解释水溶液中的酸碱反应时较为直观，但对于非水体系的酸碱反应则无法解释；而布朗斯特 - 劳里酸碱理论，从质子转移的角度拓宽了酸碱的定义，能解释更多体系的酸碱反应，但对于一些不涉及质子转移的酸碱反应又存在局限性。通过这样的引导和讨论，学生能够加深对酸碱理论的理解，同时学会从不同角度思考问题，培养批判性思维和创新意识，为今后的学习和研究奠定良好的思维基础。

四、提升医用基础化学理论授课效果的策略

（一）了解学生的学习需求与特点

1. 学生的知识基础与学习能力分析

教师在授课前要了解学生的知识基础和学习能力，包括学生在中学阶段的化学学习情况、对化学知识的掌握程度以及学习方法和习惯等。通过分析学生的知识基础和学习能力，教师可以确定教学的起点和难点，选择合适的教学内容和教学方法，做到因材施教。例如，如果学生在中学阶段对化学实验操作接触较少，教师在授课时可以适当增加实验演示和实践环节，帮助学生提高实验操作能力。

2. 学生的学习兴趣与动机调查

了解学生的学习兴趣和动机对于提高授课效果至关重要。教师可以通过问卷调查、课堂讨论等方式，了解学生对医用基础化学的学习兴趣和动机，以及他们对化学知识在医学领域应用的关注程度。根据学生的学习兴趣和动机，教师可以调整教学内容和教学方法，引入更多与医学实际相关的案例和应用，激发学生的学习兴趣和积极性。例如，如果学生对药物化学感兴趣，教师可以在授课过程中增加药物合成、药物分析等方面的内容，引导学生将化学知识与药物研究相结合。

(二) 优化教学内容

1. 整合教学内容，突出重点与难点

医用基础化学的教学内容丰富多样，教师要对教学内容进行合理整合，突出重点和难点。在整合教学内容时，要以医学专业的需求为导向，将化学知识与医学知识有机结合起来。例如，在讲解“有机化合物”时，要重点介绍与医学密切相关的有机化合物，如糖类、脂类、蛋白质等，突出它们的结构、性质和在医学中的应用。对于重点和难点内容，教师要进行深入讲解，采用多种教学方法和手段，帮助学生理解和掌握。

2. 及时更新教学内容，融入学科前沿知识

化学学科发展迅速，新的研究成果不断涌现。教师要及时更新教学内容，将学科前沿知识融入教学中，拓宽学生的视野，激发学生的学习兴趣。例如，在讲解“纳米材料”时，教师可以介绍纳米材料在医学诊断、药物输送等方面的最新研究进展，让学生了解化学学科的前沿动态，培养学生的创新意识和科学素养。

(三) 加强教师自身素质提升

1. 专业知识的更新与拓展

教师要不断更新和拓展自己的专业知识，关注化学学科的发展动态，了解最新的研究成果和应用。通过参加学术会议、培训课程、科研项目等方式，提高自己的专业水平。只有教师具备扎实的专业知识，才能在授课过程中深入浅出地讲解知识，解答学生的疑问，引导学生进行深入思考。

2. 教学能力的培训与提高

教师要注重教学能力的培训与提高，学习先进的教学理念和教学方法，掌握现代教育技术的应用。学校可以组织教师参加教学培训、教学观摩、教学研讨等活动，为教师提供交流和学习的平台。教师自身也要积极探索和实践，不断改进自己的教学方法和教学手段。例如，教师可以通过参加教学技能比赛，锻炼自己的教学能力，发现自己的不足之处，及时进行改进。

第二节　医学院校医用基础化学课后辅导要点

医学院校里，被视作重要基石的医用基础化学课程，为医学生后续的专业学习和未来的医学实践提供了必要的化学知识和技能支撑。然而，由于该课程具有一定的理论深度和知识广度，医学生在学习过程中常常会遇到各种困难和问题。有效的课后辅导对于帮助学生解决这些问题、巩固所学知识、提高学习成绩具有至关重要的作用。通过深入了解学生的学习困难，采用针对性的辅导要点和方法，可更为精准地匹配学生的学习需要，提升医用基础化学的教学质量，为培养高素质的医学人才奠定坚实基础。

一、医学生在医用基础化学学习中遇到的困难和问题

（一）化学知识的理解困难

1. 抽象概念的理解障碍

医用基础化学中包含许多抽象的化学概念，如量子力学对原子结构的描述、分子轨道理论等。这些概念往往难以通过直观的方式呈现，学生在理解时容易产生困惑。例如，量子数的概念，包括主量子数、角量子数、磁量子数和自旋量子数，它们各自代表不同的物理意义，相互之间又存在着复杂的关系。学生很难想象这些量子数如何描述电子在原子核外的运动状态，导致对原子结构的理解出现偏差。又如，分子轨道理论中，分子轨道的形成、能级分布以及电子在分子轨道中的填充规则等内容，对于学生来说较为抽象，难以理解分子轨道理论如何解释分子的稳定性和化学反应活性。

2. 化学原理的应用困难

化学原理是医用基础化学的核心内容，但学生在将这些原理应用到实际问题解决时，常常感到力不从心。以化学平衡原理作为典型示范，虽然学生能够背诵化学平衡常数的表达式和影响化学平衡移动的因素，但在面对具体的化学反应体系，如酸碱平衡、沉淀溶解平衡等，却难以准确判断平衡的移动方向和程度。在处理涉及化学平衡计算的问题时，学生往往不知道如何选择合适的公式和方法，导致计算错误。此外，对于氧化还原反应中的电极电势概念，学生在理解其与化学反应方向和限度的关系时存在困难，在实际应用中，如判断原电池的正负极、计算电池电动势等方面，容易出现错误①。

(二) 数学运算在化学中的应用问题

1. 数学基础薄弱导致运算困难

医用基础化学中涉及许多数学运算，如对数运算、指数运算、微积分初步等。部分医学生在进入大学时，数学基础相对薄弱，对这些数学运算的掌握不够熟练，从而影响了在化学学习中的应用。例如，在计算溶液的 pH 值时，需要运用对数运算，对于一些数学基础较差的学生来说，准确计算对数存在困难，导致 pH 值的计算结果错误。在化学动力学中，研究化学反应速率与反应物浓度的关系时，会涉及微积分的应用，学生如果对微积分的基本概念和运算方法理解不透彻，就无法正确推导和应用化学反应速率方程。

2. 数学与化学知识的融合困难

即使一些学生具备一定的数学基础，但在将数学知识与化学知识融合时，仍然存在困难。他们难以理解数学公式在化学问题中的物理意义，无法根据化学问题的实际情况选择合适的数学方法进行求解。例如，在化学热力学中，利用吉布斯自由能变判断化学反应的自发性时，涉及的数学公式较为复杂，学生往往只是机械地套用公式，而不理解公式中各个参数的化学含义以及它们之间的内在联系。这种数学与化学知识融合的困难，使得学生在解决综合性的化学问题时，无法灵活运用数学工具，影响了对化学知识的深入理解和应用。

---

① 钮因尧，李春霞，孟凌华，等．渗入哲学思想的“医用基础化学”课程思政教学探索 [J]. 化学教育（中英文），2023(16)：81-86.

（三）知识体系构建困难

1. 知识点零散，难以形成系统

医用基础化学的知识内容丰富，涵盖无机化学、有机化学、物理化学等多个领域，知识点较为零散。学生在进行课程学习中，往往只是孤立地掌握各个知识点，难以将它们有机地联系起来。例如，在学习无机化学中的元素化合物知识时，学生可能记住了各种元素的性质和反应，但对于这些元素之间的内在联系，以及它们在整个化学体系中的位置和作用，缺乏清晰的认识。在有机化学的学习中，各类有机化合物的结构、性质和反应众多，学生容易混淆，难以构建起有机化学知识的整体框架，导致在解决综合性的有机化学问题时，无法快速准确地调用相关知识。

2. 知识更新快，难以跟上节奏

化学学科的发展日新月异，新的研究成果和理论不断涌现。医用基础化学教材虽然会不断更新，但教学内容往往存在一定的滞后性。学生在知识学习阶段中，不仅要掌握教材中的基础知识，还要关注学科的前沿动态，这对他们来说是一个较大的挑战。例如，在药物化学领域，新的药物分子不断被合成和研发，其作用机制和结构特点也在不断更新。学生如果仅仅局限于教材中的知识，就难以跟上学科发展的节奏，在未来开展医学实际操作中，可能无法理解和应用最新的药物治疗方法。

（四）学习方法和态度问题

1. 学习方法不当

部分医学生在学习医用基础化学时，仍然采用高中阶段的学习方法，过于依赖教师的课堂讲授，缺乏主动学习和自主探索的精神。他们习惯于死记硬背知识点，而不注重理解知识的内在逻辑和应用方法。在面对大量的化学知识时，这种学习方法效率低下，容易导致知识的遗忘和混淆。例如，在学习化学方程式时，学生只是机械地背诵方程式的形式，而不理解化学反应的本质和规律，在知识实际运用到工作时，无法根据具体的反应条件正确书写化学方程式。此外，一些学生不善于总结归纳，不能将所学的知识进行系统梳理，导致知识杂乱无章，难以运用。

2. 学习态度不端正

一些医学生对医用基础化学的重要性认识不足，认为这只是一门基础课程，对未来的医学专业学习影响不大，因此在学习过程中缺乏积极性和主动性。他们在课堂上注意力不集中，课后不认真完成作业，对学习中遇到的问题也不主动寻求解决。这种学习态度严重影响了学习效果，导致知识掌握不扎实，学习成绩不理想。例如，在实验课中，部分学生不认真对待实验操作，敷衍了事，不注重观察实验现象和分析实验结果，无法通过实验加深对化学知识的理解和掌握。

二、课后辅导的要点和方法

（一）针对学生的问题进行个别辅导

1. 深入了解学生问题

教师需要借助多种途径全面且深入地了解学生在学习进程中遭遇的各类难题，像课堂提问便是一个极为重要的切入点，教师在课堂提问环节不能仅仅关注学生回答的对错，更要着重分析学生背后的思维轨迹。例如当教师提出一个关于化学反应原理的问题时，学生可能回答错误，但通过观察学生的推理过程，教师能够敏锐地察觉学生究竟是对化学反应的本质理解有误还是在逻辑推导上出现偏差。若学生在解释某个化学反应为何会朝着特定方向进行时，提及的因素与实际反应原理大相径庭，这就表明学生对该知识板块的理解存在误区。

课后作业批改同样是挖掘学生问题的关键渠道，教师在批改作业时不能仅仅简单地打对错标记，而要认真做好记录工作，详细统计学生的错误类型以及出现错误的频率。比如在批改化学作业时若发现大部分学生在化学方程式的配平问题上频繁出错，那么教师就需要重点剖析该问题是学生对质量守恒定律的理解不够深刻，还是在配平技巧的运用上不够熟练。通过这样深入分析，能够为后续的辅导提供有力依据。

此外，定期与学生进行面对面的交流沟通也至关重要，教师要营造一个宽松、信任的氛围，鼓励学生大胆主动地提出自己在学习中碰到的困难与疑惑。有的学生可能在有机化学的物质结构认知上存在障碍，不知道如何通过分子式判断分子的空间构型，教师通过与学生的交流就能及时知晓此类问题，了解学生的学习需求与困惑所在。就拿学生在化学平衡计算中频繁出错的情况来说，教师需深入剖析，若是学生对勒夏特列原理等相关公式的理解存在偏差导致在运用公式时出现错误，那么教师就需要从原理讲解入手；若学生是在复杂的计算过程中粗心大意，频繁出现计算失误，教师则要引导学生养成仔细计算、检查的习惯；要是学生对题目所给条件的分析不够精准，抓不住关键信息，教师就要着重培养学生的审题能力。

2. 制定个性化辅导方案

依据所了解到的学生具体问题，教师要为每一位学生精心定制个性化的辅导方案。对于那些基础较为薄弱的学生，坚实基础知识是首要任务，以数学运算能力欠佳影响化学学习的学生为例，由于化学学科中涉及众多基于数学运算的知识点，如化学定量分析中的数据处理、化学反应速率的计算等，教师可以先系统地复习对数运算、指数运算等相关数学知识，重温其基本规则。之后紧密结合化学中的实际问题，如根据化学反应速率公式计算不同时间段内物质浓度的变化，让学生进行有针对性的练习，逐步提升学生运用数学知识解决化学问题的能力。

当面对学习方法存在明显缺陷的学生时，教师的职责在于引导他们掌握科学有效的学习方法。在预习方面，教师可以教导学生如何快速浏览教材内容，标记出重点与难点，带着问题去听课；复习时建议学生整理课堂笔记，回顾课堂上老师讲解的重点例题，通过再次演练加深对知识点的理解；在总结归纳知识点上，教师可以引导学生制作思维导图，以化学元素化合物知识为例，学生可以以某一种元素为核心，将其单质、氧化物、酸（或碱）、盐等相关物质的性质、相互转化关系通过思维导图清晰地呈现出来，帮助学生构建完整的知识框架，提高学习效率。

对于那些对学习持有消极态度的学生，教师必须强化思想教育工作。以医用基础化学学科为例，教师可以列举诸多实际案例，如在药物研发过程中，基础化学知识如何发挥关键作用，从药物分子的设计与合成到药物剂型的优化，都离不开扎实的化学知识。通过这些实例，让学生深刻认识到医用基础化学的重要性，进而激发他们内心的学习兴趣与积极性，转变学习态度。

3. 采用多样化辅导方式

在开展个别辅导时，教师要灵活运用多样化的辅导方式，以契合不同学生的学习特点与需求，对于一些抽象晦涩的概念以及复杂难懂的原理，巧妙运用比喻、类比等方法能够将其变得形象生动、易于理解。例如，在讲解原子轨道这一抽象概念时，教师把原子轨道类比成不同形状的房间，电子就如同在这些房间里活动的“居民”，每个“房间”都有其特定的容纳规则与特点，如此一来，学生便能更轻松地理解原子轨道的空间分布以及电子在其中的运动状态。

针对计算问题，教师可以先选取具有代表性的详细例题进行全方位讲解，从题目条件的分析、解题思路的构建到具体解题方法的运用，一步步引导学生掌握解题技巧。比如在讲解化学平衡常数的计算例题时，教师先带领学生分析题目所给的起始浓度、反应进行的方向等条件，然后依据化学平衡常数的定义式，逐步推导计算过程。在学生初步掌握解题方法后，布置一些针对性的练习题让学生进行实战演练，在学生练习过程中，教师要及时关注学生的解题情况，一旦发现问题立即给予反馈与指导，帮助学生巩固解题方法。

（二）组织学习小组进行互助学习

1. 合理分组

教师要根据学生的学习成绩、学习能力、性格特点等因素进行合理分组，确保每个小组的成员具有一定的多样性和互补性。通常每个小组以4～6人为宜，小组中既要有学习成绩较好、学习能力较强的学生，也要有学习成绩相对较差、需要帮助的学生。例如，将学习成绩优秀、思维活跃的学生与学习成绩中等、踏实认真的学生以及学习成绩较差、基础薄弱的学生分在一组，这样可以让成绩好的学生发挥带头作用，帮助其他学生解决学习中遇到的问题，同时也能让成绩好的学生在帮助他人的过程中加深对知识的理解和掌握。

2. 明确小组任务和目标

在组织学习小组时，教师要为每个小组明确具体的任务和目标。任务可以包括共同完成课后作业、讨论课堂上的疑难问题、进行知识点的总结归纳、开展小型的化学实验探究等。目标则要根据教学内容和学生的实际情况进行设定，例如，在学习完某一章节的化学知识后，要求小组能够总结出该章节的重点内容和难点问题，并能够运用所学知识解决相关的练习题。通过明确小组任务和目标，让学生知道自己在小组中需要做什么，以及通过小组合作要达到什么样的效果，从而提高小组学习的效率和质量。

3. 引导小组合作学习

教师要引导小组进行有效的合作学习，建立良好的小组合作机制。在小组讨论过程中，教师要鼓励每个学生积极发言，表达自己的观点和想法，同时也要学会倾听他人的意见。教师可以指导小组制定讨论规则，如轮流发言、不打断他人发言等，以保证讨论的有序进行。当小组遇到问题无法解决时，教师要适时地给予指导和帮助，但不要直接告诉学生答案，而是引导学生通过查阅资料、分析讨论等方式自己寻找解决问题的方法。例如，在小组讨论化学平衡移动的影响因素时，学生可能对压强对化学平衡移动的影响存在争议，教师可以引导学生从化学平衡常数的角度进行分析，帮助学生理解压强对化学平衡移动的本质原因。此外，教师还要定期对小组的学习情况进行检查和评估，及时发现问题并进行调整。

（三）提供课外学习资源

1. 推荐相关教材和参考书籍

教师要根据教学内容和学生的学习需求，为学生推荐相关的教材和参考书籍。这些书籍可以包括经典的化学教材、专业的化学参考资料、科普读物等。经典教材可以帮助学生深入理解化学知识的体系和框架，专业参考资料可以满足学生对某一领域知识的深入探究需求，科普读物则可以拓宽学生的知识面。例如，对于学习有机化学的学生，教师可以推荐邢其毅的《基础有机化学》作为主要教材，同时推荐一些关于有机合成、有机分析等方面的专业参考书籍，以及《化学的秘密》等科普读物，让学生从不同角度了解有机化学的知识和应用。

2. 分享在线学习平台和资源

随着信息技术的发展，在线学习平台和资源日益丰富。教师要积极分享一些优质的在线学习平台和资源，如中国大学 MOOC、学堂在线等平台上的化学相关课程，以及一些化学学习网站、学术数据库等。这些在线学习平台和资源提供了丰富的教学视频、课件、练习题、讨论区等功能，学生可以自主选择学习内容，进行在线学习和交流。例如，学生可以在MOOC平台上观看知名教师的化学课程视频，学习不同的教学方法和思路，也可以在讨论区与其他学生交流学习心得，解决学习中遇到的问题。此外，教师还可以推荐一些化学学习类的应用程序，如“化学大师”“烧杯”等，让学生可以随时随地进行化学学习和实验模拟。

3. 组织课外学术活动

教师可以组织一些课外学术活动，如化学学术讲座、化学实验技能竞赛、化学科研项目等，为学生提供更多的学习和交流机会。化学学术讲座可以邀请化学领域的专家学者来校讲学，介绍化学学科的前沿动态和研究成果，拓宽学生的学术视野。化学实验技能竞赛可以激发学生的学习兴趣和竞争意识，提高学生的实验操作能力和创新能力。化学科研项目则可以让学生参与到实际的科研工作中，培养学生的科研思维和实践能力。例如，组织学生参加学校的化学实验技能竞赛，学生在准备竞赛的过程中，需要深入学习化学实验知识，提高实验操作技能，同时也能培养团队协作精神和创新能力。通过参加化学科研项目，学生可以在教师的指导下，进行文献查阅、实验设计、数据分析等工作，体验科研的全过程，为未来的医学研究打下坚实的基础。

三、通过课后辅导帮助学生巩固所学知识，提高学习成绩

（一）知识巩固

1. 强化重点知识

在课后辅导中，教师要针对教学中的重点知识进行强化辅导，帮助学生加深对重点知识的理解和记忆。对于抽象的重点概念，教师可以通过多种方式进行讲解，如运用多媒体教学手段，展示相关的动画、图片等，帮助学生直观地理解。例如，在讲解分子轨道理论时，教师可以通过动画展示分子轨道的形成过程，让学生清晰地看到原子轨道如何组合成分子轨道，以及电子在分子轨道中的分布情况。对于重要的化学原理和公式，教师要引导学生

进行反复练习，通过大量的例题和练习题，让学生熟练掌握其应用方法。例如，在化学平衡的辅导中，教师可以提供各种类型的化学平衡计算题目，包括不同反应体系、不同条件下的平衡计算，让学生在练习中加深对化学平衡原理的理解和应用能力。

2. 查漏补缺

通过课后辅导，教师能够及时发现学生在知识掌握上的漏洞和不足，进行针对知识薄弱点展开精确修补。对于学生普遍存在的知识漏洞，教师可以进行集中讲解和辅导。例如，在学习氧化还原反应时，发现很多学生对氧化数的概念理解不清，教师可以专门安排时间，详细讲解氧化数的定义、计算方法以及在氧化还原反应中的应用，帮助学生弥补这一知识缺陷。对于个别学生的特殊问题，教师则要进行个别辅导，根据学生的具体情况，规划适配学生特质的辅导安排。例如，某个学生在有机化学的命名规则上存在问题，教师可以为该学生详细讲解有机化合物的命名原则和方法，通过具体的实例进行分析和练习，直到学生掌握为止。

3. 知识整合

帮助学生进行知识整合，构建完整的知识体系，是课后辅导的重要任务之一。教师可以引导学生对所学的化学知识进行分类整理，找出知识点之间的内在联系，形成知识网络。例如，在学习完无机化学和有机化学的相关知识后，教师可以引导学生从化学键的角度对无机化合物和有机化合物进行对比分析，找出它们在结构和性质上的异同点，从而加深对化学知识的整体理解。教师还可以通过组织知识竞赛、小组讨论等活动，让学生在互动中进行知识的交流和整合，提高学生对知识的综合运用能力。例如，组织一场化学知识竞赛，竞赛题目涵盖无机化学、有机化学、物理化学等多个领域，在学生着手进行竞赛准备期间，需要对所学的化学知识进行全面的复习和整合，从而更好地掌握知识体系。

（二）学习成绩提升

1. 提高解题能力

课后辅导可以通过有针对性的练习和指导，帮助学生提高解题能力。教师要根据教学内容和考试要求，为学生提供各种类型的练习题，包括选择题、填空题、计算题、简答题等，让学生熟悉不同题型的解题思路和方法。在学生做题过程中，教师要进行巡视和指导，及时发现学生的解题错误和问题，并给予纠正和指导。例如，对于计算题，教师要指导学生如何分析题目条件，选择合适的公式和方法进行计算，如何规范书写解题步骤等。对于简答题，教师要引导学生学会运用化学知识进行有条理的阐述，注意语言表达的准确性和逻辑性。通过大量的练习和指导，学生的解题能力能够得到有效提高，从而在考试中取得更好的成绩。

2. 培养考试技巧

除了提高解题能力，课后辅导还要注重培养学生的考试技巧。教师要向学生介绍考试的时间分配、答题顺序、答题规范等方面的技巧。例如，在考试时间分配上，教师可以指导学生根据题目分值和难易程度，合理安排答题时间，对于难度较大的题目，可以先暂时放下，等完成其他题目后再回过头来思考。在答题顺序上，建议学生先从自己熟悉的题目入手，这样可以增强自信心，也能快速进入考试状态。在答题规范方面，强调书写工整、步骤完整、单位正确等要点。比如在化学计算题中，每一步计算都应清晰列出所用公式，代入数据时务必带上单位，最终结果也要准确标注单位，避免因不规范答题而丢分。

同时，教师可以通过模拟考试的方式，让学生在实践中熟悉考试流程，掌握考试技巧。每次模拟考试后，认真分析学生的答题情况，针对存在的问题进行详细讲解和指导。例如，发现部分学生在考试时过于紧张，导致审题不清，出现低级错误。教师可引导学生在考试前进行适当的放松，如深呼吸、简单活动身体等，在答题前仔细阅读题目，圈画出关键信息，避免因粗心大意而失分。

(三) 学习方法改进

1. 引导自主学习

课后辅导是引导学生学会自主学习的重要契机。教师要帮助学生树立自主学习的意识，让他们明白自主学习在大学学习以及未来职业生涯中的重要性。例如，教师可以结合医学领域的实际案例，向学生说明自主学习新的医学知识和技能对于应对不断变化的医疗环境的必要性。在辅导过程中，鼓励学生主动提出问题，培养他们独立思考的能力。当学生遇到问题时，教师不是直接给出答案，而是引导学生通过查阅教材、参考资料或利用在线资源等方式自己寻找答案。比如，学生对某一化学反应的机理存在疑问，教师可指导学生如何在专业化学书籍中查找相关内容，或者推荐一些权威的化学学术网站，让学生自己去探索答案，从而逐渐掌握自主学习的方法。

2. 学会总结归纳

教导学生学会总结归纳是提高学习效果的关键。教师可以引导学生定期对所学的化学知识进行总结，如每学完一个章节，让学生制作思维导图或知识框架图，将章节内的重点概念、原理、化学反应等进行梳理，明确各知识点之间的逻辑关系。例如，在学习完酸碱平衡章节后，学生可以以酸碱定义、酸碱平衡常数、酸碱滴定等内容为节点，构建思维导图，清晰呈现整个章节的知识体系。同时，鼓励学生对相似的知识点进行对比归纳，找出它们的异同点。比如，对比不同类型的化学反应速率方程，分析其适用条件和特点，加深对知识的理解和记忆。教师还可以定期组织学习经验分享会，让学生相互交流总结归纳的方法和心得，促进共同提高。

3. 优化时间管理

对于医学生来说，合理的时间管理至关重要，因为他们需要学习多门课程且课程内容丰富。在课后辅导教学时，教师要帮助学生优化时间管理。首先，引导学生制订学习计划，根据课程表和作业安排，合理分配每天的学习时间给不同的学科。例如，规定每天安排一定时间用于复习医用基础化学的知识点、做练习题以及预习新内容。其次，教导学生利用碎片化时间，如在课间休息时回顾上节课的重点内容，在乘坐公共交通时听化学学习音频等。最后，提醒学生注意劳逸结合，避免长时间连续学习导致疲劳，影响学习效率。比如，建议学生每学习一段时间后，进行适当的身体活动或放松训练，以保持良好的学习状态。

（四）学习态度转变

1. 点燃求知热情

在课后辅导过程中，教师要注重激发学生对医用基础化学的学习兴趣。可以通过介绍化学知识在医学领域的广泛应用，如药物研发、疾病诊断、医疗器械制造等方面的实际案例，让学生认识到化学与医学的紧密联系，从而感受到学习医用基础化学的重要性和实用性。例如，在讲解药物分子的合成过程中如何运用有机化学知识，以及通过化学分析方法检测人体生物标志物进行疾病诊断的原理。此外，组织一些有趣的化学实验或化学科普活动，如“化学魔术秀”，利用简单的化学试剂展示神奇的化学现象，激发学生的好奇心和探索欲。还可以鼓励学生参与化学科研项目或兴趣小组，在实践中体验化学的魅力，进一步提升学习兴趣。

2. 增强学习动力

帮助学生树立明确的学习目标，增强学习动力。教师可以引导学生将医用基础化学的学习与未来的职业规划相结合，让学生明白学好这门课程对于实现自己成为优秀医生、医学科研人员等职业目标的重要意义。例如，对于立志成为医学科研人员的学生，强调化学知识在开展医学研究、开发新治疗方法中的基础作用。同时，及时肯定学生在学习过程中的进步和成绩，给予正面的反馈和鼓励。当学生在作业、考试或实验中取得好成绩时，教师要进行公开表扬，增强学生的自信心和成就感，从而激发他们更积极地投入学习中。此外，通过讲述一些医学领域成功人士的故事，如屠呦呦发现青蒿素的历程，激励学生以他们为榜样，努力学习，为医学事业做出贡献。

3. 培养学习毅力

学习过程中难免会遇到各种困难和挫折，因此培养学生的学习毅力至关重要。当学生在学习医用基础化学遇到难题时，教师要鼓励学生不要轻易放弃，引导他们分析问题产生的原因。例如，学生在理解复杂的化学原理时遇到困难，教师可以与学生一起探讨，从不同角度进行解释，帮助学生克服困难。同时，通过介绍科学家们在面对科研难题时坚持不懈、勇于探索的故事，如门捷列夫发现元素周期律的艰辛过程，让学生明白只有具备坚韧不拔的毅力，才能在学习和未来的事业中取得成功。此外，教师可以在课后辅导中设置一些具有挑战性但又可实现的学习任务，让学生在克服困难完成任务的过程中锻炼学习毅力。

参考文献

[1] 张琼瑶，罗伦，樊靓 . 医用化学实验 [M]. 北京：化学工业出版社，2024：25-27.

[2] 黄红梅，严海林 . 化学教学论实验课程思政教学案例 [M]. 北京：化学工业出版社，2023：41-43.

[3] 黄凤 . 高中化学实验教学策略研究 [M]. 沈阳：辽宁科学技术出版社，2022：36-37.

[4] 邓峰，钱扬义 . 化学教学设计 [M]. 北京：化学工业出版社，2022：14-17.

[5] 金城，李佑稷，李志平 . 化学教学理论与方法 [M]. 北京：化学工业出版社，2022：21-25.

[6] 马善恒，胡天娇，夏建华 . 化学反思性教学：内涵、类型及实施策略 [J]. 化学教学，2025(2)：3-8.

[7] 刘群 . 短视频在高中化学教学中的应用 [J]. 河南教育 (教师教育)，2025(2)：76-77.

[8] 周渝清，张凤菊，彭媛媛 . 双师化学课堂“1+3”规范化教学模式的实践研究 [J]. 中国标准化，2025(2)：235-237.

[9] 杨寿花 . 信息技术与高中化学课堂教学的融合策略 [J]. 中国新通信，2025(2)：230-232.

[10] 贝姣宏 . 高中化学创新思维课堂构建与实践研究 [J]. 吉林省教育学院学报，2025(1)：44-49.

[11] 郑长龙 . 数智化新时代重构化学教育及化学教学论学科新体系 [J]. 化学教育 (中英文)，2025(1)：127-128.

[12] 黄艳，王磊，田振芬，等 . 以学生为中心的无机化学混合式教学的探索与实践 [J]. 高等理科教育，2025(1)：31-38.

[13] 王阳茜，钱扬义，温金菊，等．化学概念结构的心理学实证研究新方法论：ERAI四阶梯模型的建构[J].化学教育（中英文），2025(3)：3-10.

[14] 郭巧能，朱西周，杨光，等．基于建构主义理论的化学拔尖创新人才班基础课程教学定量评价体系研究[J].化学教育（中英文），2025(2)：25-32.

[15] 杨军锋．信息技术与高中化学教学深度融合的路径：以“晶体结构与性质”课程教学为例[J].中国新通信，2025(2)：227-229.

[16] 包淑云，张艳华，年四辉，等．《天然药物化学》实验教学的思考与探究[J].承德医学院学报，2025(1)：75-78.

[17] 刘立红，代立梅，杨铭，等．基于成果导向的化学实验教学模式与实践研究[J].化纤与纺织技术，2025(1)：204-206.

[18] 陈莎莎，林晓娟，陈婉明，等．化学实验室安全管理体系的构建与实施[J].化纤与纺织技术，2025(1)：73-75.

[19] 刘雨风，杨冬芝．前沿科研成果融入医用分析化学实验教学：自由基清除性能评价的综合设计实验[J].广东化工，2025(2)：165-168.

[20] 陈莲惠，何建川，董军，等．一流课程建设背景下“医用化学”新形态教材建设[J].医学教育研究与实践，2025(1)：109-113.

[21] 白广梅，谢亚勃，任海荣．线上线下融合式基础化学实验教学探索[J].实验室科学，2024(6)：84-88.

[22] 赵晨，陶菲菲．课程思政在分析化学实验课程中的探索[J].现代农村科技，2024(12)：140-142.

[23] 董桂花．浅谈化学有效思维课堂的构建：以“元素化合物知识”教学为例[J].延边教育学院学报，2021(5)：273-274.

[24] 徐阳．基于大数据模型的化学教学质量管理模式分析与优化[J].化纤与纺织技术，2024(12)：252-254.

[25] 尉艳，陈结霞，冯志君，等．医用基础化学渗透压教学中巧用比较促思维[J].基础医学教育，2024(1)：15-20.

[26] 钮因尧，李春霞，孟凌华，等．渗入哲学思想的“医用基础化学”课程思政教学探索[J].化学教育（中英文），2023(16)：81-86.

[27] 李向荣，董丽，耿明江．突出化学与医学融合及课程思政的医用化学教学：溶解度 [J]. 化学教育（中英文），2024(24)：84-90.
[28] 周辉，周静．以学生为中心的医用化学课程教学模式探索 [J]. 药学教育，2024(5)：56-60.
[29] 汪辉煌．基于在线平台的课程思政研究与实践：以医用化学为例 [J]. 科教文汇，2024(19)：99-102.
[30] 李智．"大思政课"视域下医用化学课程思政教学实践 [J]. 西部素质教育，2024(18)：65-68.
[31] 朱丽珺，赵广东，张乐，等．《医用化学》课程设计与应用研究 [J]. 产业与科技论坛，2024(16)：160-163.
[32] 傅贤明，阮丽琴，许桂芬，等．临床专业医用化学分层次教学探索 [J]. 基础医学教育，2024(7)：568-571.
[33] 姜玉澄，闫丽，徐悦，等．电子档案袋评价方法在中学化学教学评价中的应用研究 [J]. 科技风，2025(4)：44-46.
[34] 申明金，陈莲惠，钱兴灿，等．基于集对分析的物理化学实验教学评价研究 [J]. 云南化工，2024(10)：193-197.
[35] 陈诺，刘翠，章健，等．化学专业教育硕士 RTOP 教学评价研究 [J]. 化学教育（中英文），2023(16)：65-70.
[36] 胡琦，陈继平．浅谈化学教学中的教学评价 [J]. 云南化工，2022(6)：176-178.
[37] 张卫，宰建陶，马荔，等．元素化学教学内容与模式的重构策略 [J]. 化学教育（中英文），2024(4)：34-41.
[38] 郑巧贞．元素化合物教学的模型建构：以"含硫化合物的性质"为例 [J]. 中学化学教学参考，2023(36)：4-5.
[39] 赵莹莹．问题解决式元素化合物教学设计策略 [J]. 中学化学教学参考，2023(20)：9-11.
[40] 王金迪，常营娜，左玉香．翻转课堂教学模式在"无机化学"元素化合物教学中的实践与探讨 [J]. 化工时刊，2024(6)：70-72.